"诺贝尔奖中的理化生"编写组学科作者

- ◎ 伊　鹏　北京理工大学激光微纳研究所博士
- ◎ 曹可凡　清华大学环境学院博士生
- ◎ 尹德嘉　清华大学环境学院博士生

《平博士密码》科学顾问

◎ 康斯坦丁·尤里耶维奇·波格丹诺夫

生物科学博士,俄罗斯物理和数学科学候选人,曾参与俄罗斯高中物理教科书的编写工作,一直致力于面向儿童和学生的科普工作。

◎ 阿纳托利·普罗霍罗夫

2008年俄罗斯联邦国家奖获得者,俄罗斯物理和数学科学候选人,曾供职于苏联科学院物理化学研究所。

平博士

既是一位发明家,也是一位机械天才。他的脑袋里充满了创意和惊喜。他总是能为问题找到最出其不意的解决方案,并用永不满足的好奇心探索这个世界。

鹿教授

平时沉浸在科学研究中,一脑袋的知识。孩子们都喜欢问他各式各样的科学问题,他也总是给予热情的回答,并与孩子们讨论科学。

兔小跳

每时每刻都精神十足,爱冒险,爱搞怪。热衷于让每个人都参与到生活中的新鲜趣事上来。他对世界充满了好奇心,同时也非常执着。

猬小弟

兔小跳的好朋友，会冷静和审慎地平衡兔小跳的跳脱性格。虽然害羞，但猬小弟非常热爱学习，喜欢看书，勤于思考，他是一个真正的和平卫士。

朱小美

一个想快点儿长大的美少女，她热爱一切美的东西，对生活充满希望和美好的想象。她有些喜怒无常和任性，但总能给人留下深刻的印象。

羊诗弟

一个敏感的浪漫主义者，喜爱哲学和沉思。他时而多愁善感，时而与兔小跳"狼狈为奸"，古灵精怪的躯壳下有着诗人的灵魂。

大嘴叔

一位富有想象力和冒险精神的演员，有着神秘的过去，学识渊博，见识广博。他丰富的经历和故事怎么讲也讲不完。

巧老师

一位爱挑剔而且严格的老太太，但也非常善良，总是乐于助人。她十分热爱体育活动和健康的生活方式。她是平飞船上的大管家，制作着可口的美食，守护着每个人的健康。

农夫熊

安静而保守，朴实且能干，尤其对植物和动物充满热情与关注。他总能轻松地用他的智慧和爱心解决问题。

目 录

第 1 章 细胞和基因

什么是细胞	2
什么是细胞分裂	4
细胞分裂的阶段	6
为什么细胞会停止分裂	8
什么是 DNA	10
什么是基因	14
什么是蛋白质	18
蛋白质与基因的关系	22
相关诺贝尔奖介绍	26

第 2 章 人体的奥秘

从细胞到人体	28
不可或缺的维生素	30
肺和呼吸	34
眼和视觉	36
耳和听觉	40
脑和神经	44
免疫战士	48
相关诺贝尔奖介绍	52

第 3 章　植物的魅力

什么是植物学	54
植物的特征	56
什么是光合作用	58
什么是叶绿素	62
叶子颜色的变换	66
植物与生物圈的水循环	70
水和生命	74
相关诺贝尔奖介绍	78

第 4 章　细菌和病毒

什么是细菌	80
细菌对人的危害	82
小细菌的大用处	86
什么是病毒	92
病菌与人体的大战	98
不要小看肥皂	102
相关诺贝尔奖介绍	104

诺贝尔奖中的趣味生物

"诺贝尔奖中的理化生"编写组 编著

海豚出版社 DOLPHIN BOOKS
中国国际传播集团

图书在版编目（CIP）数据

诺贝尔奖中的趣味生物／"诺贝尔奖中的理化生"编写组编著. -- 北京：海豚出版社，2025.3. -- （平博士密码）. -- ISBN 978-7-5110-7281-8

Ⅰ.Q-49

中国国家版本馆 CIP 数据核字第 2025TL9385 号

根据 FUN Union Limited 原创《平博士密码》系列动画片改编

出 版 人：王 磊

分册编写：伊 鹏　王 梦
责任编辑：王 梦
责任印制：于浩杰　蔡 丽
法律顾问：北京市君泽君律师事务所　马慧娟　刘爱珍
出　　版：海豚出版社
地　　址：北京市西城区百万庄大街24号
邮　　编：100037
电　　话：010-68996147（总编室）　010-68325006（销售）
传　　真：010-68996147
印　　刷：小森印刷（北京）有限公司
经　　销：全国新华书店及各大网络书店
开　　本：16开（710mm×1000mm）
印　　张：7
字　　数：80千
印　　数：5000
版　　次：2025年3月第1版　2025年3月第1次印刷
标准书号：ISBN 978-7-5110-7281-8
定　　价：29.80元

版权所有　侵权必究

第1章
细胞和基因

什么是细胞

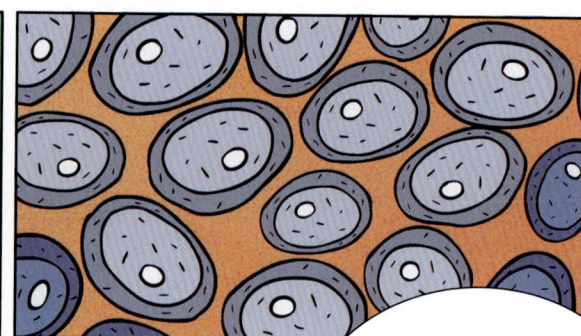

生物体是由许多微小的碎块组成的,这些碎块叫作细胞。

细胞是生物体结构和功能的基本单位。无数微小的细胞组成无数小型组织,从而构成生物的机体。

以动物细胞为例,动物细胞有细胞膜、细胞质(包括线粒体)、细胞核等结构。

细胞质　　线粒体

细胞核

细胞膜

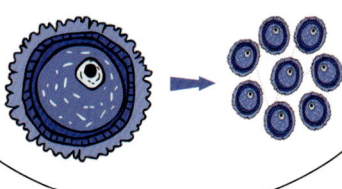

世界上的高等动物最初都是从唯一一个受精的细胞开始自己的生命旅程的。

那我们的细胞是不是想长出什么就长出什么?

想得美,这只有最初阶段的细胞可以做到,这种原始细胞被称为干细胞。

随着成长,这些干细胞就开始进行职业分工了。细胞做出选择后,功能也就限定了。只有很少数量的干细胞被留下,组成了身体的维修队。

什么是细胞分裂

细胞不能无限制地长大，但细胞可以通过分裂不断地产生新的细胞。细胞分裂就是一个细胞分成两个细胞。

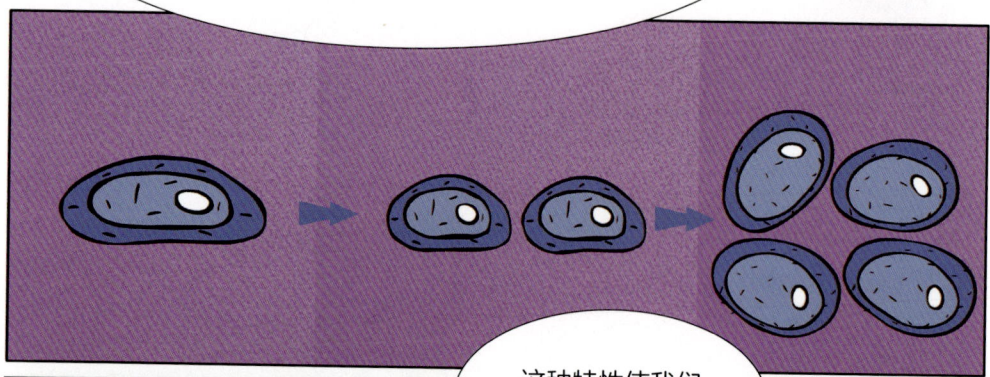

这种特性使我们慢慢长大。

随着旧细胞的渐渐老化或损坏，不断会有新的细胞分裂来代替它们。打个比方，只要年龄允许，当羽毛掉光了，我就可以通过细胞分裂长出新的羽毛。

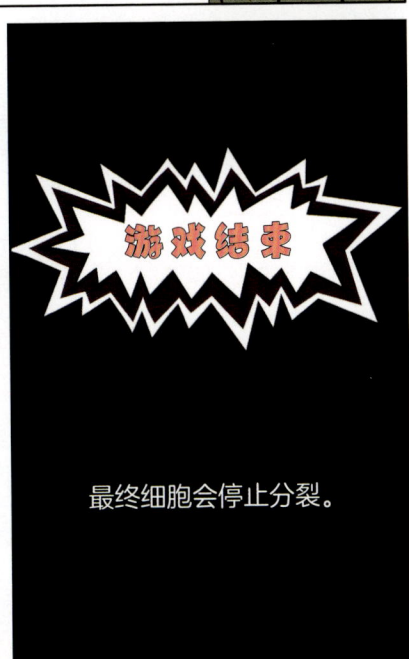

细胞分裂的阶段

身体就像房子,"修房子"靠细胞分裂,它分为四个阶段。

房子老了,脱落的旧砖头要换成新的。

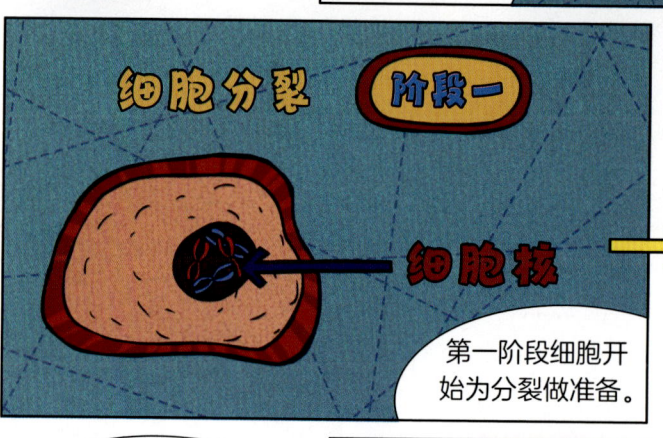

细胞分裂 阶段一

细胞核

第一阶段细胞开始为分裂做准备。

里面的东西好像线头。

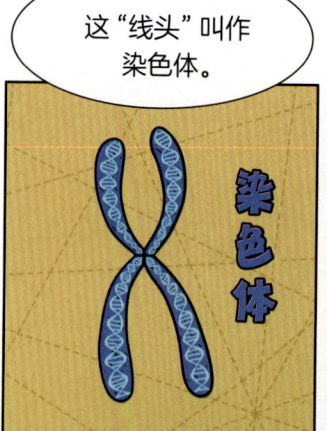

这"线头"叫作染色体。

蚂蚁的染色体数量最少。

我猜应该是熊吧。

人类拥有23对,拥有染色体数量最多的是……

是蕨类植物。

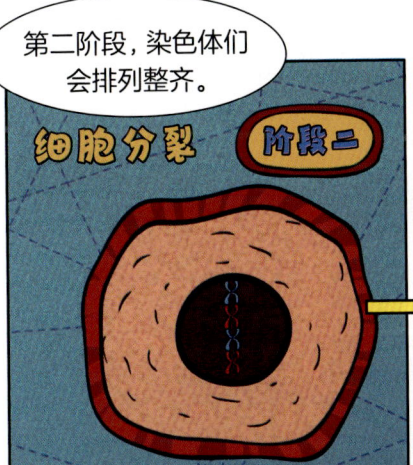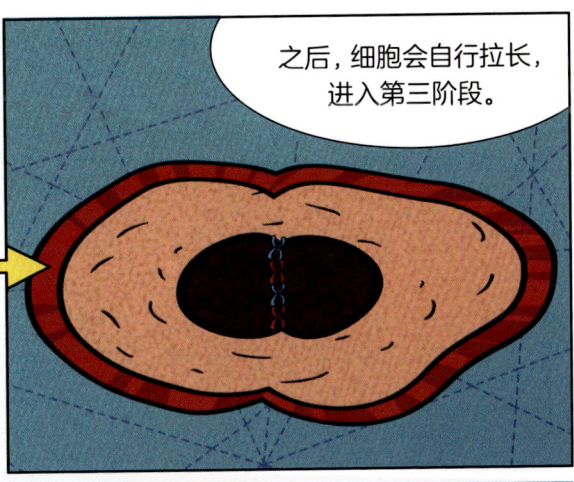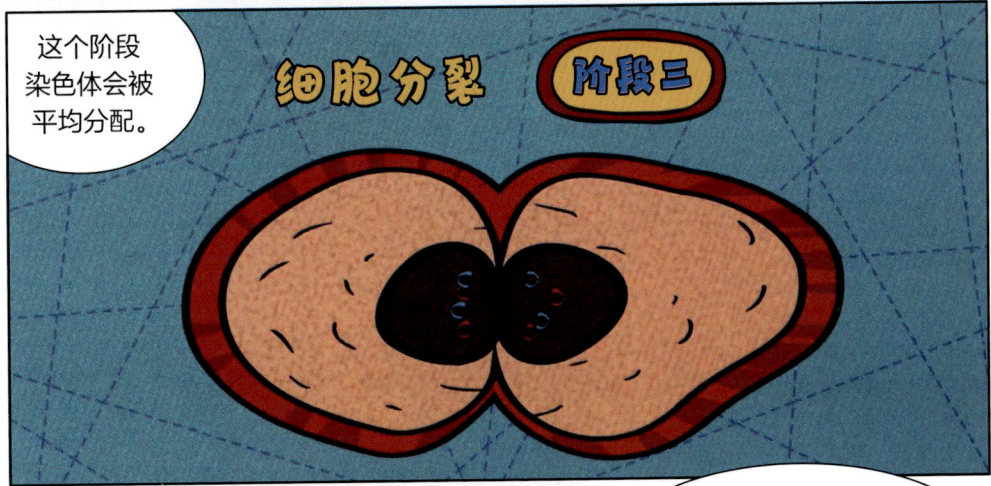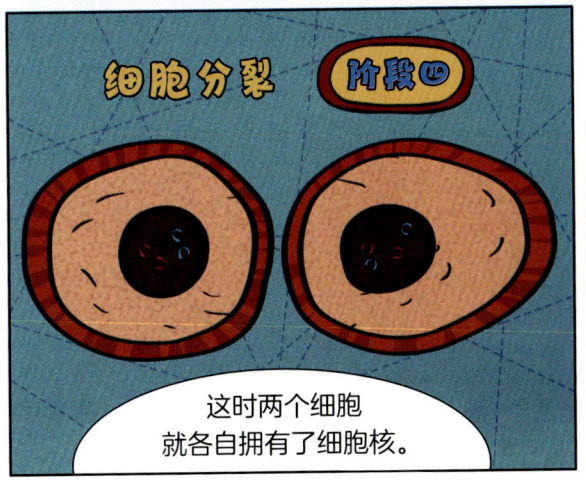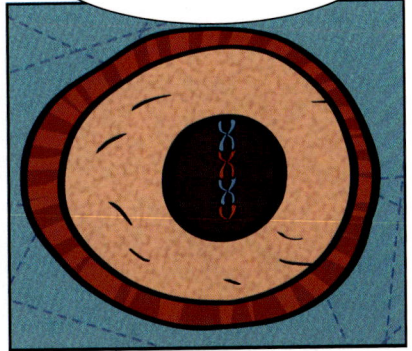

为什么细胞会停止分裂

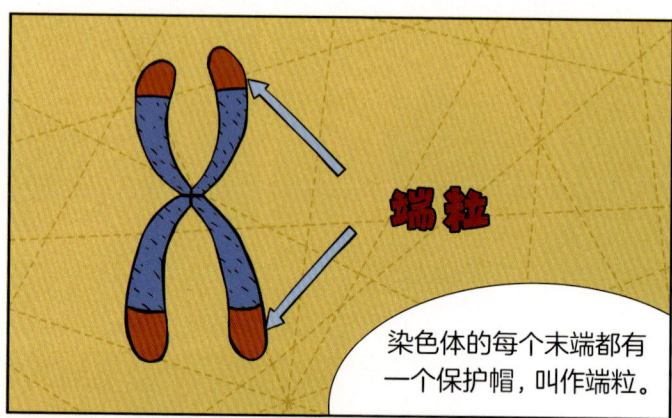

细胞分裂时,对于染色体并不是毫无影响的。

端粒

染色体的每个末端都有一个保护帽,叫作端粒。

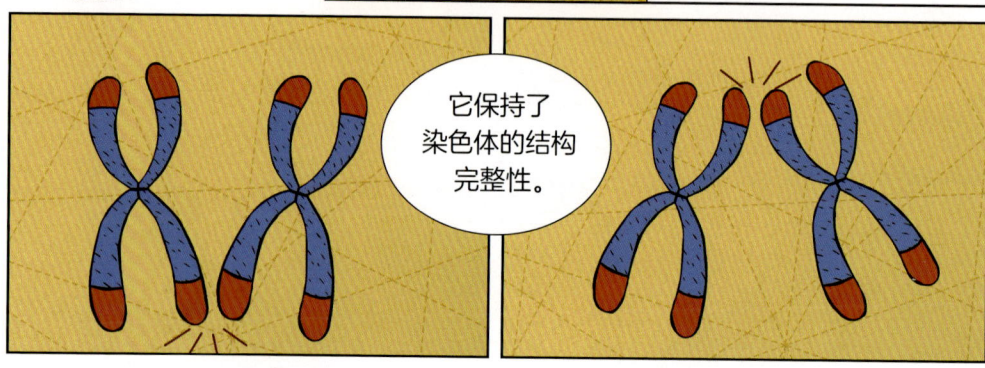

它保持了染色体的结构完整性。

端粒并不是一成不变的。

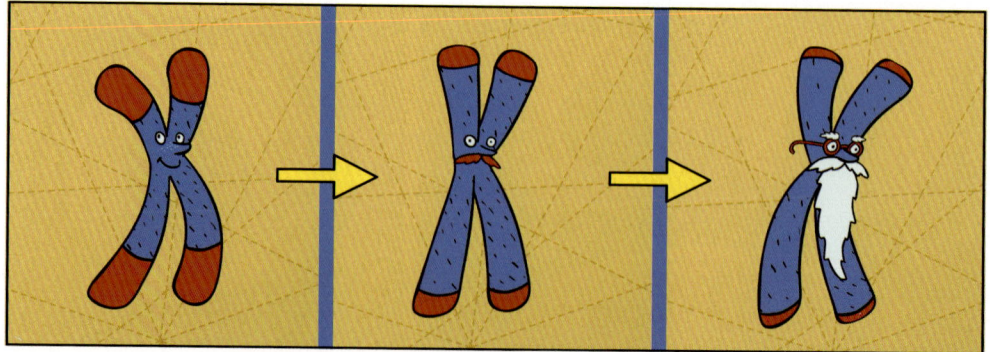

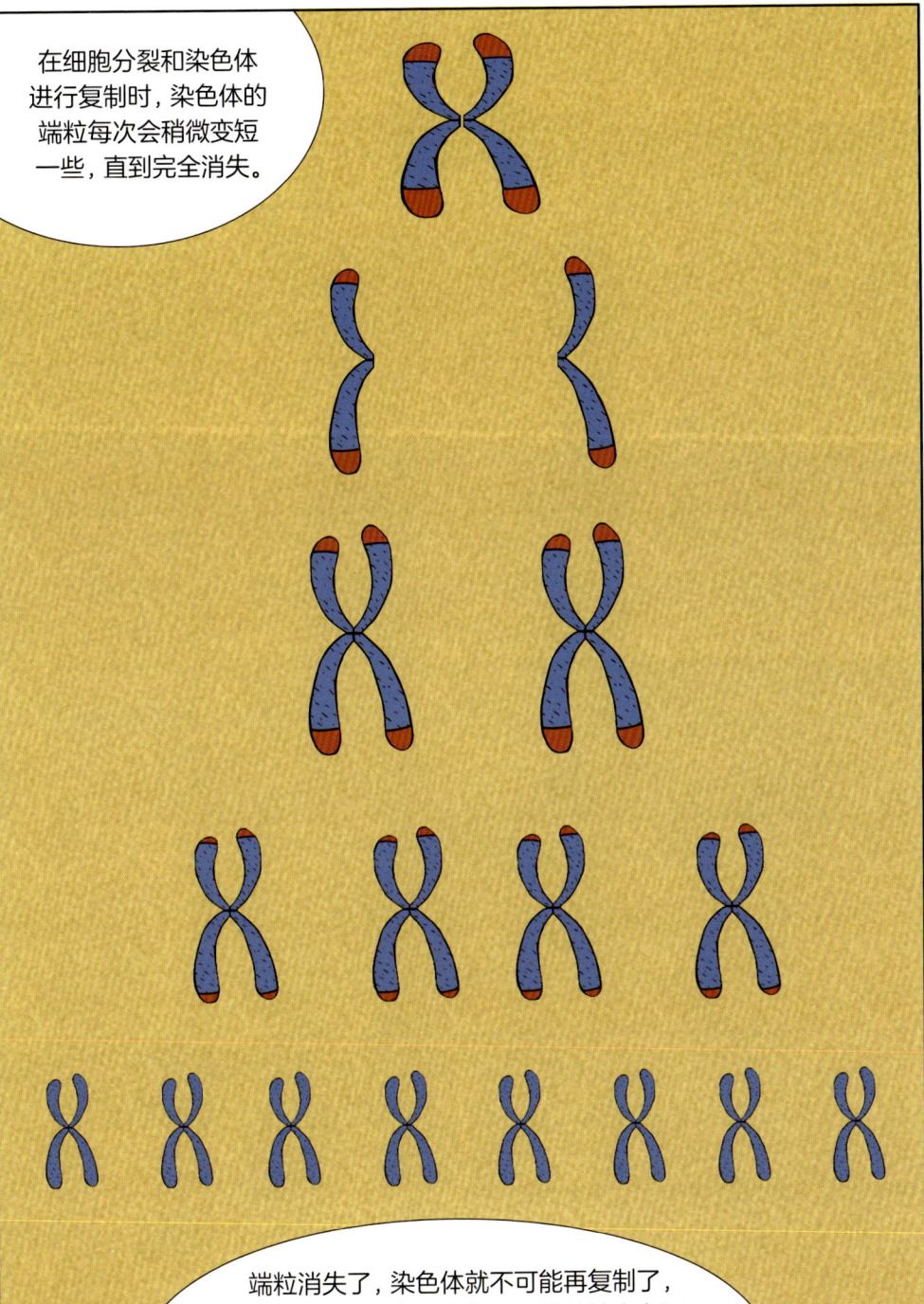

什么是DNA

肌肉细胞、骨骼细胞、内部器官细胞……

可这些细胞怎么会知道自己应该长在哪儿？会不会腿细胞长到耳朵里呢？

这种危险也是存在的。

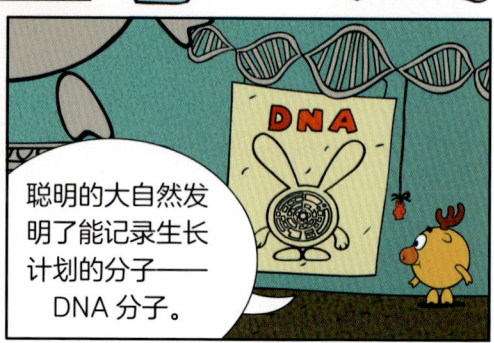

聪明的大自然发明了能记录生长计划的分子——DNA分子。

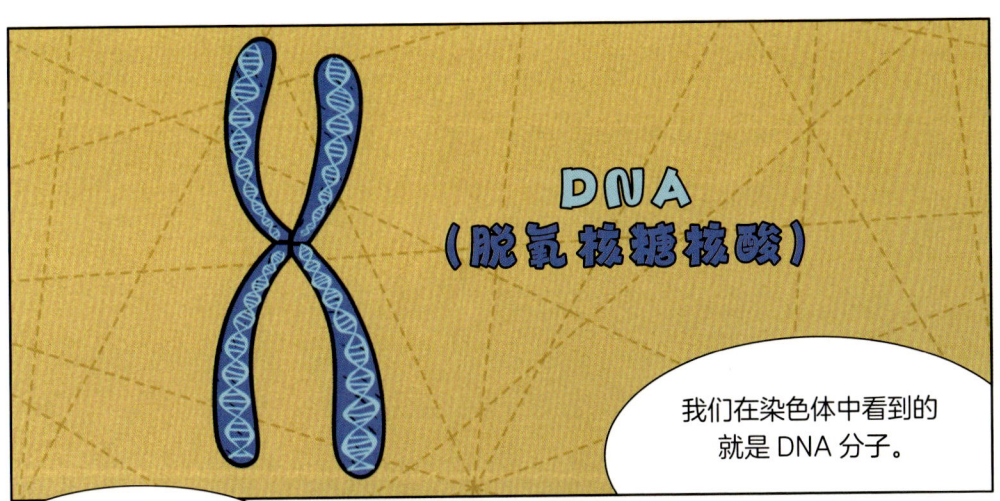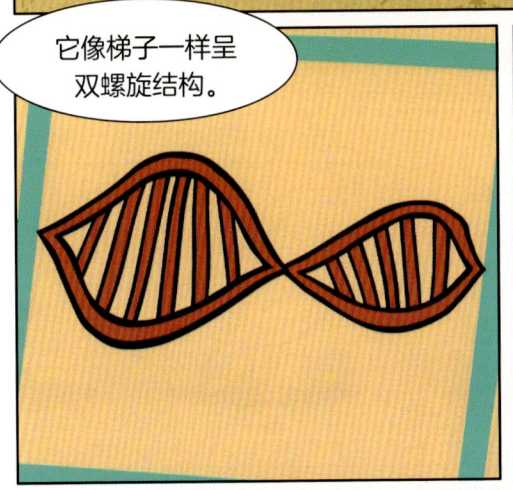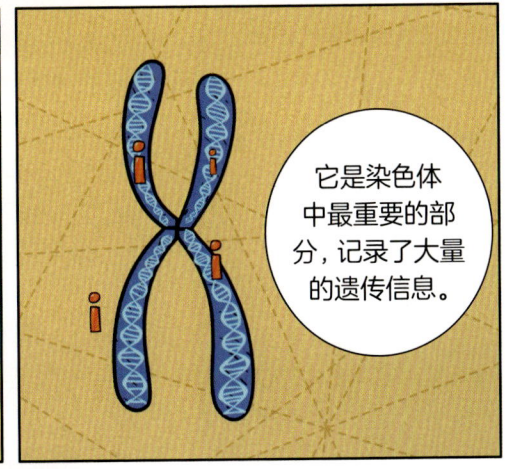

什么是基因

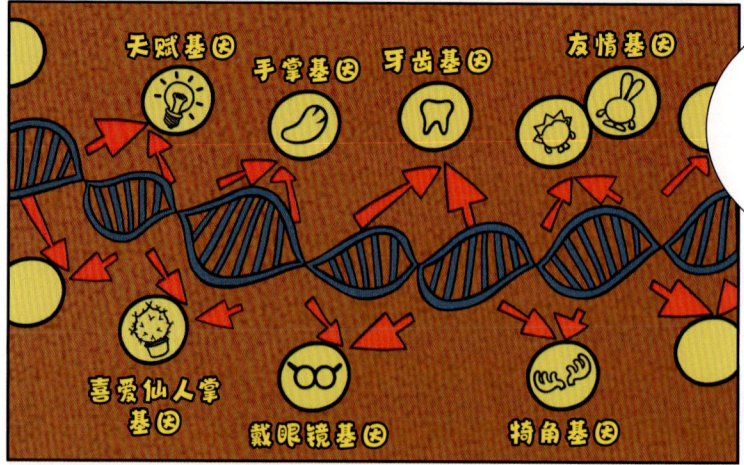

不过这属于现在基因科学研究的内容。遗传学的主要任务就是研究和改变基因。

目前我们已经能改变某些植物的基因啦。这种植物叫作转基因植物。

比如使普通的番茄更加耐寒。

让萝卜不被虫子吃。

什么是蛋白质

究竟什么才是生命?

恩格斯说过:"生命是蛋白体存在的方式。"

周围的一切,包括我们自己,都是由分子构成的。

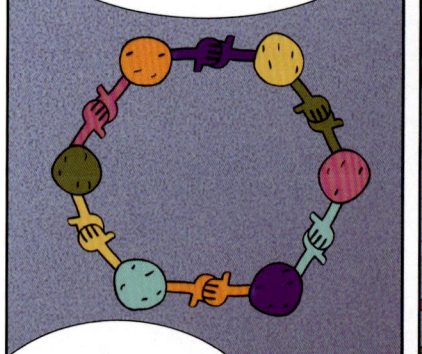

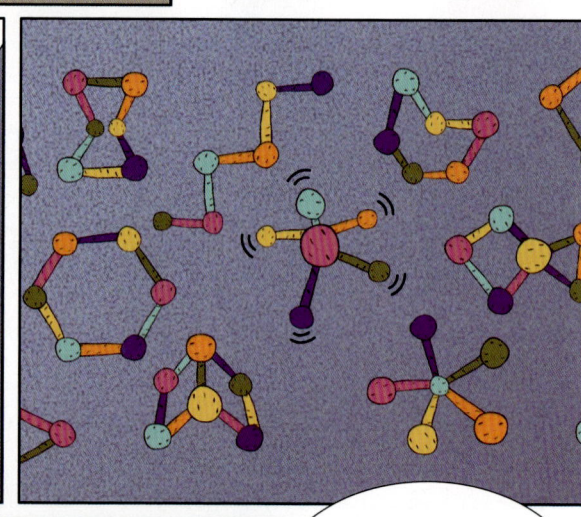

那为什么有的可以被称为生物,有的就不可以呢?究竟怎么样才算生物呢?

哪个是生物?

蛋白质就是判断是否是生物的主要标志。它是生命活动的主要承担者。

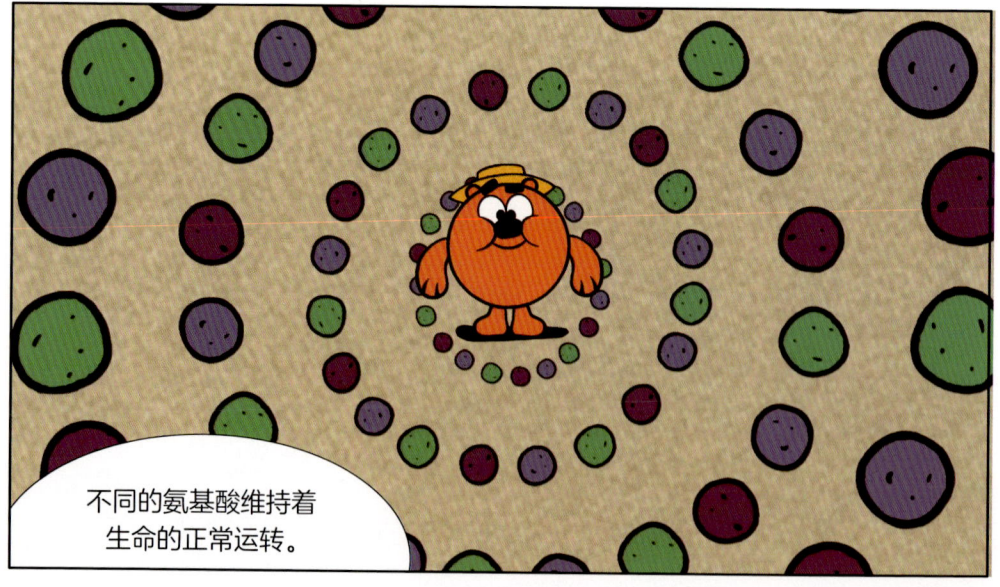

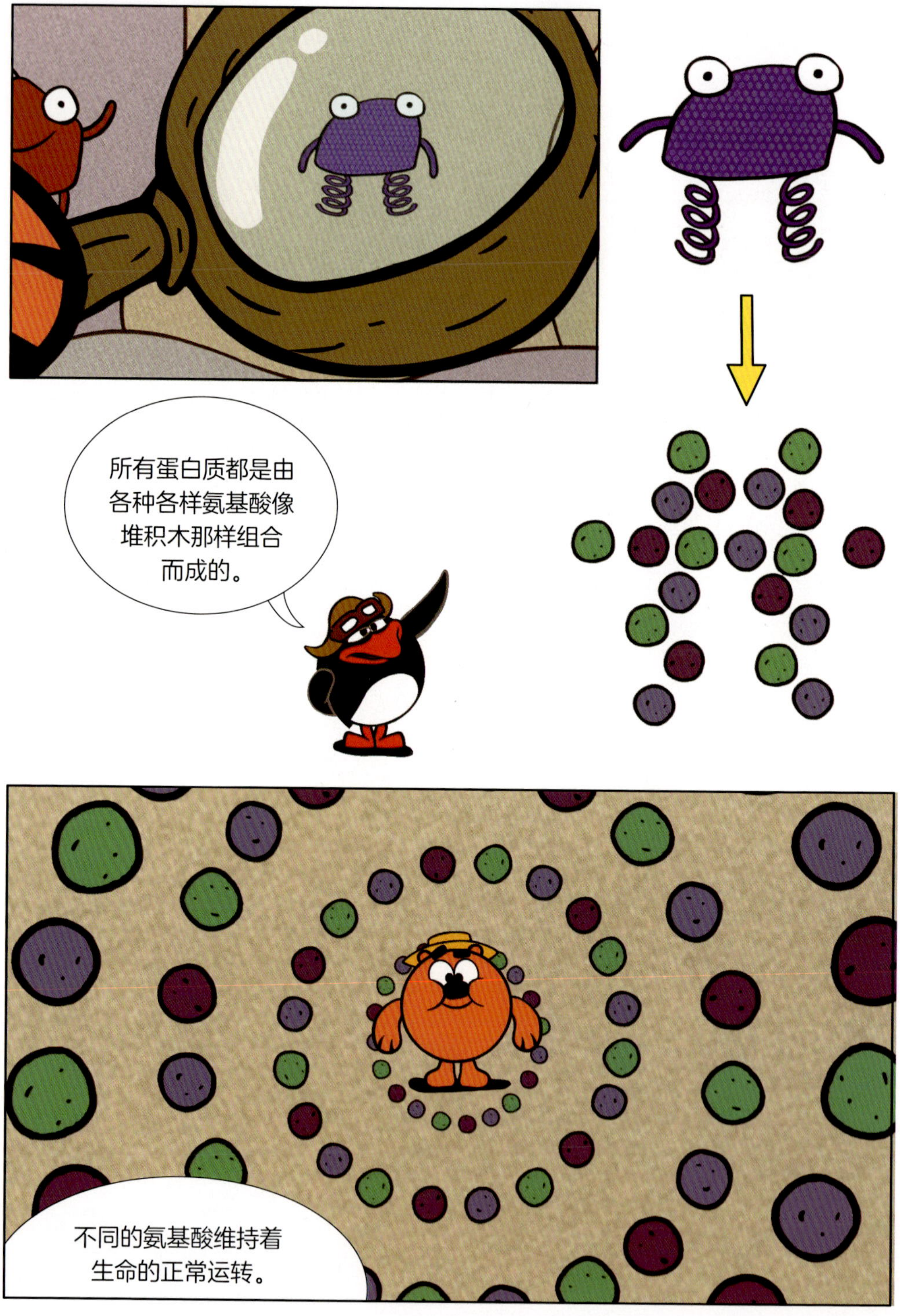

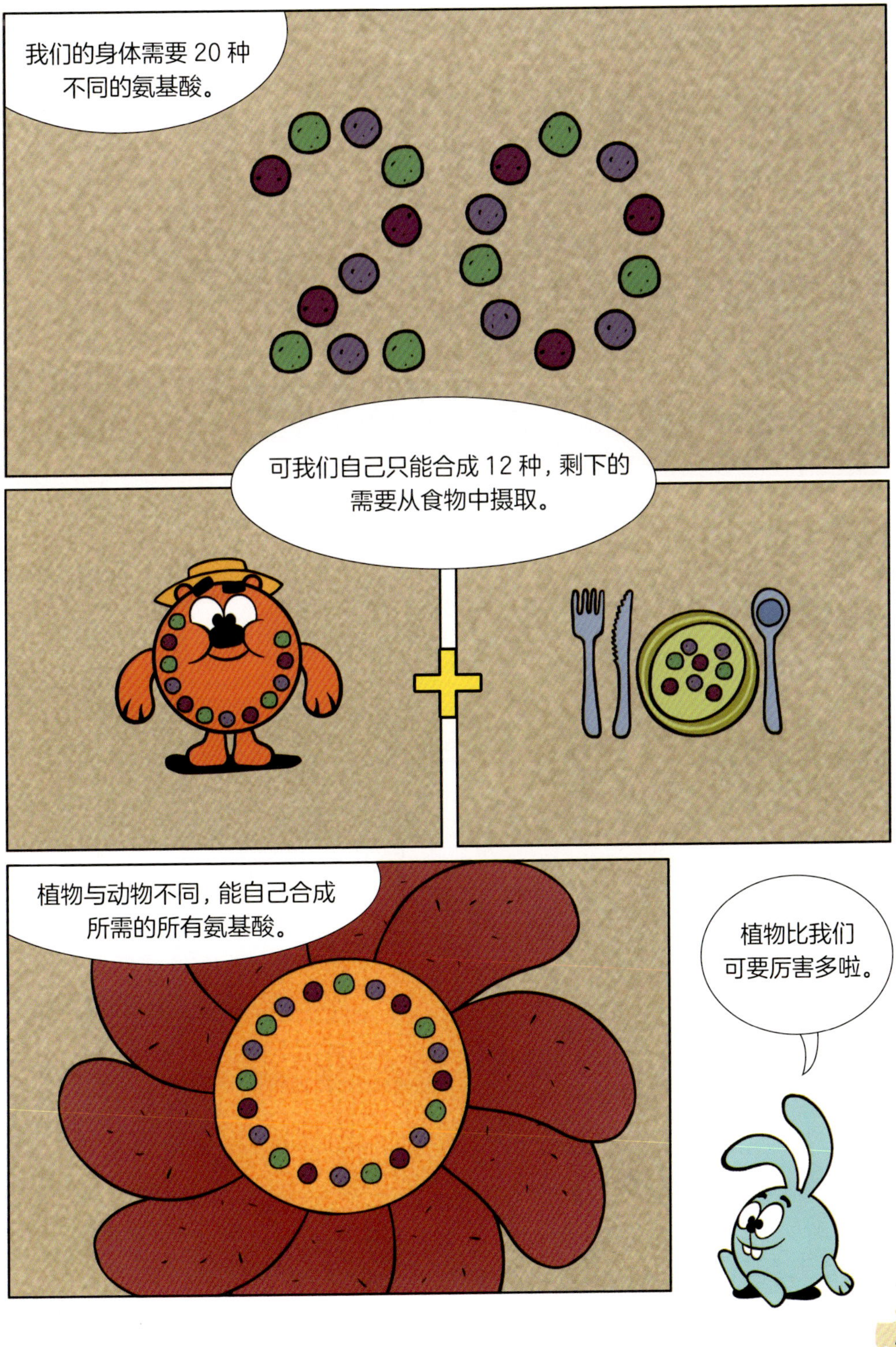

我们的身体需要 20 种不同的氨基酸。

可我们自己只能合成 12 种，剩下的需要从食物中摄取。

植物与动物不同，能自己合成所需的所有氨基酸。

植物比我们可要厉害多啦。

蛋白质与基因的关系

相关诺贝尔奖介绍

干细胞的发现与应用

20世纪初,俄罗斯学者亚历山大·亚历山德洛维奇·马克西莫夫首次假设了干细胞的存在。

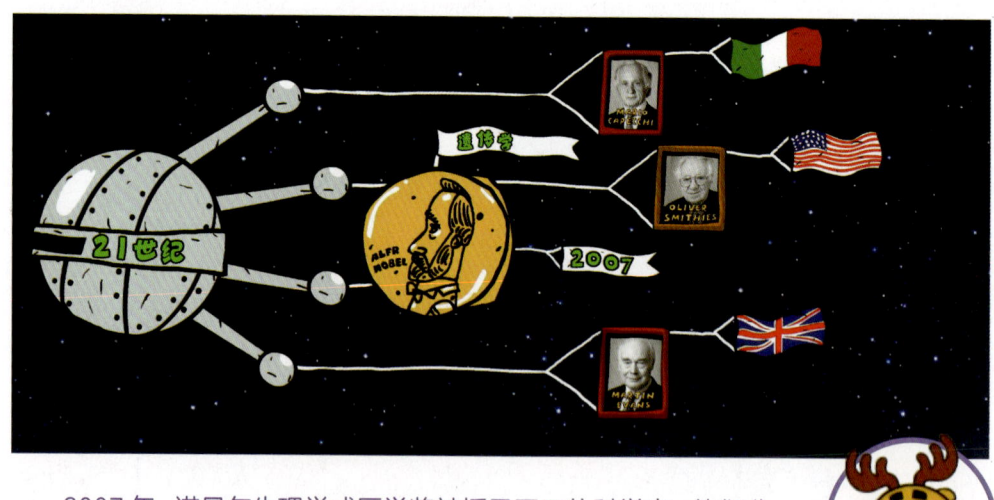

2007年,诺贝尔生理学或医学奖被授予了三位科学家,他们分别是马里奥·卡佩奇(意大利)、马丁·埃文斯(英国)、奥利弗·史密斯(美国),以表彰他们三人在干细胞研究方面所做出的贡献。

第 2 章
人体的奥秘

从细胞到人体

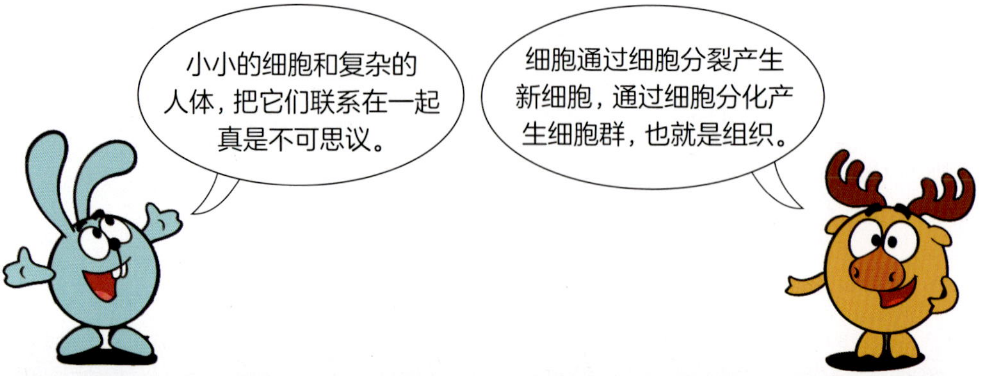

小小的细胞和复杂的人体,把它们联系在一起真是不可思议。

细胞通过细胞分裂产生新细胞,通过细胞分化产生细胞群,也就是组织。

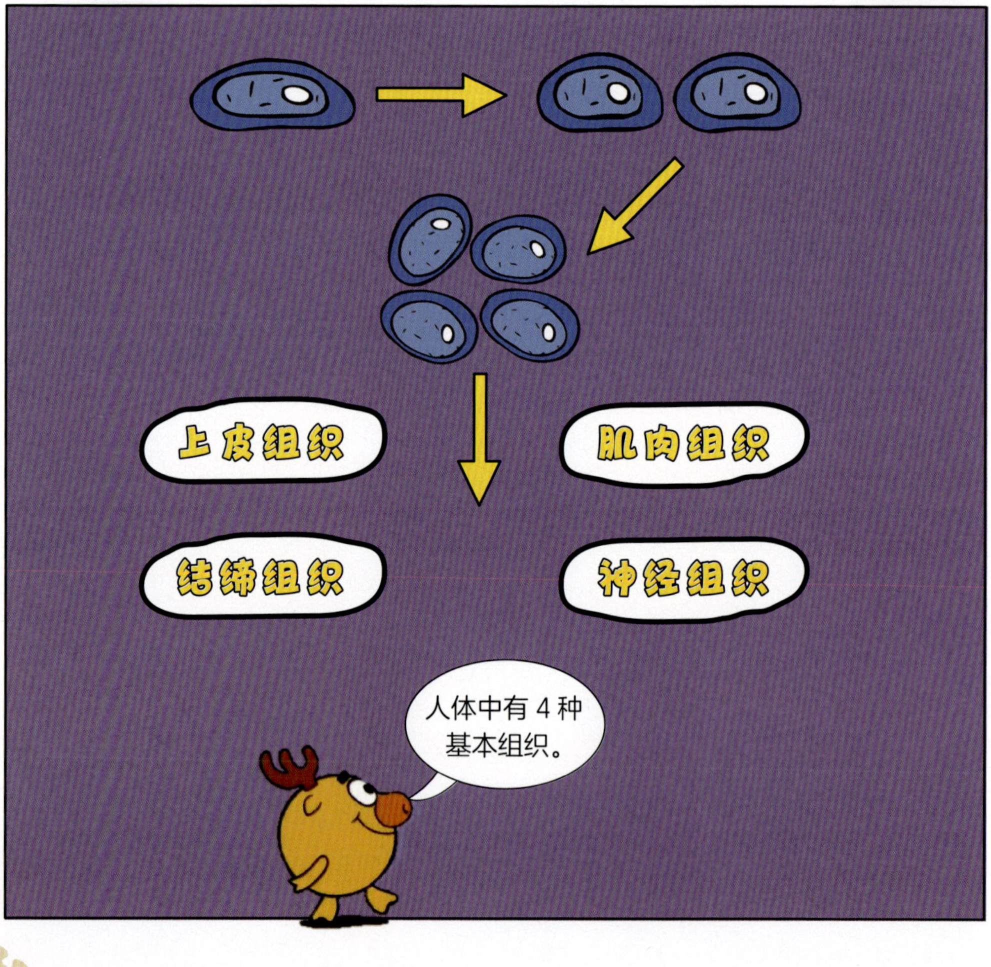

上皮组织

肌肉组织

结缔组织

神经组织

人体中有4种基本组织。

不可或缺的维生素

人们为什么不能一直吃自己想吃的东西?

因为正确的饮食不只是为了填饱肚子,还要补充维生素。

"维他"是从拉丁语"生命"一词翻译过来的。

维生素是对人有益的物质,也叫维他命。

维生素主要存在于新鲜的水果和蔬菜中。

肺和呼吸

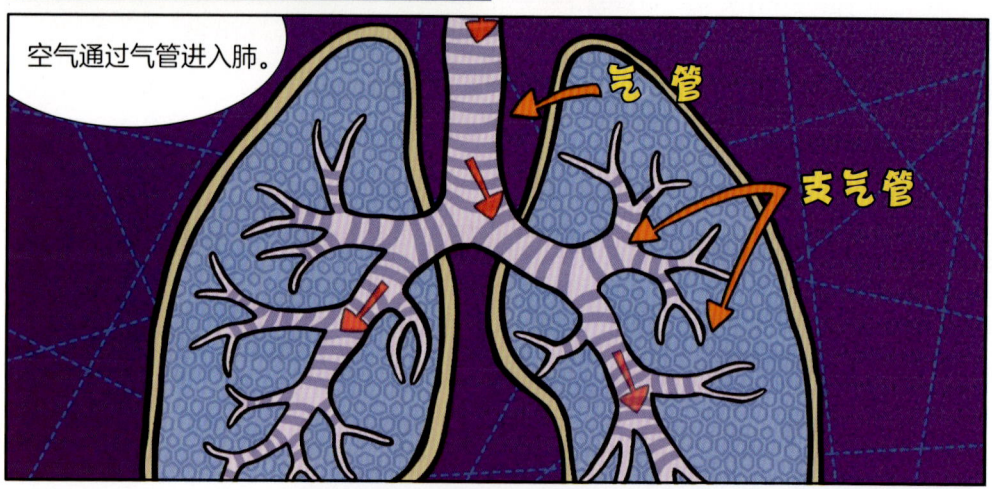

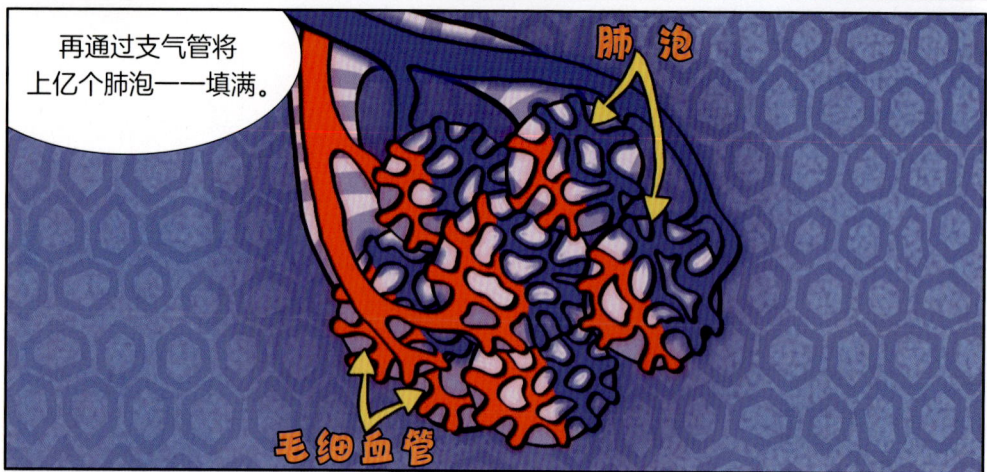

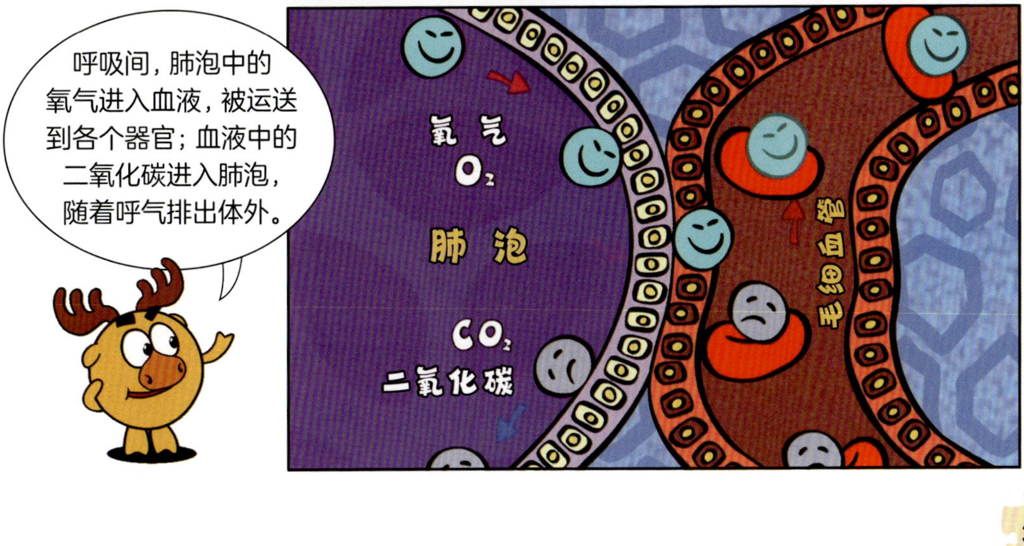

眼和视觉

我们从外部世界获得的信息大多来自视觉。

可以看清灯光下的一切,

也能在黑暗中视物。

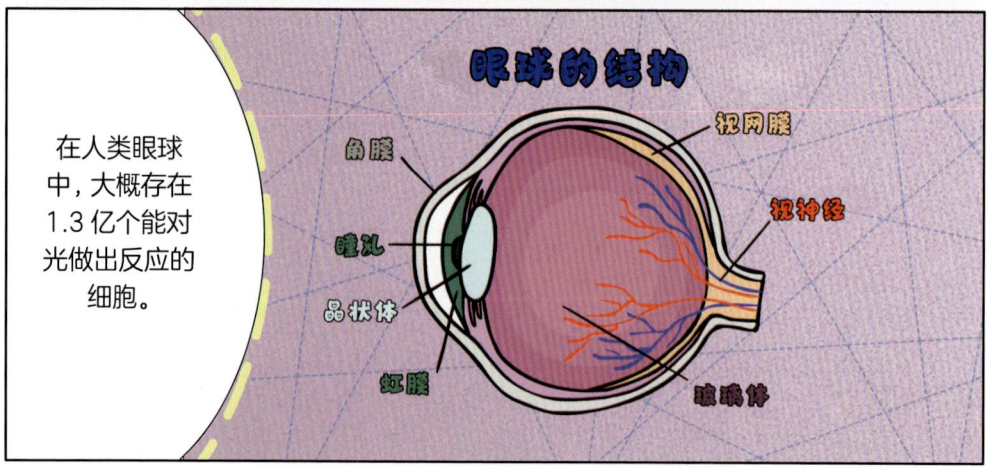

在人类眼球中,大概存在1.3亿个能对光做出反应的细胞。

眼球的结构

角膜　瞳孔　晶状体　虹膜　视网膜　视神经　玻璃体

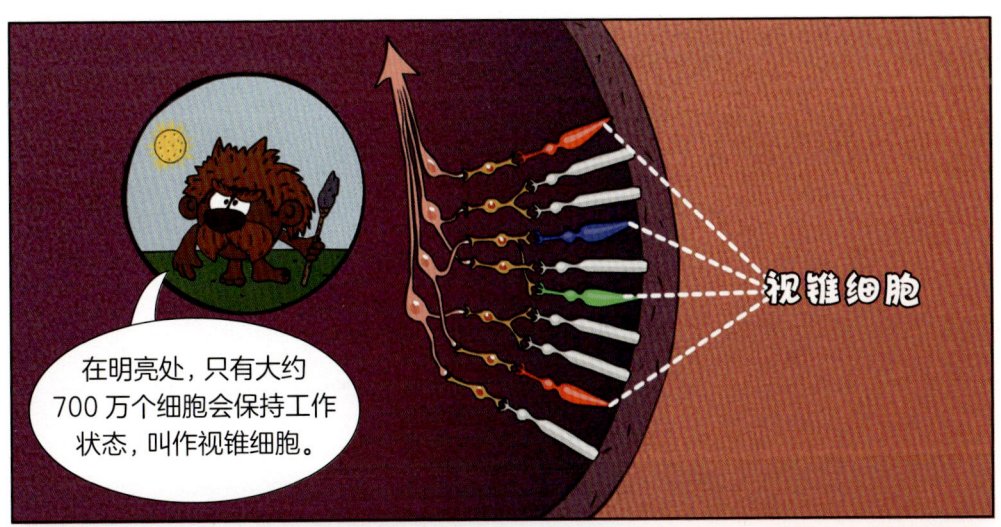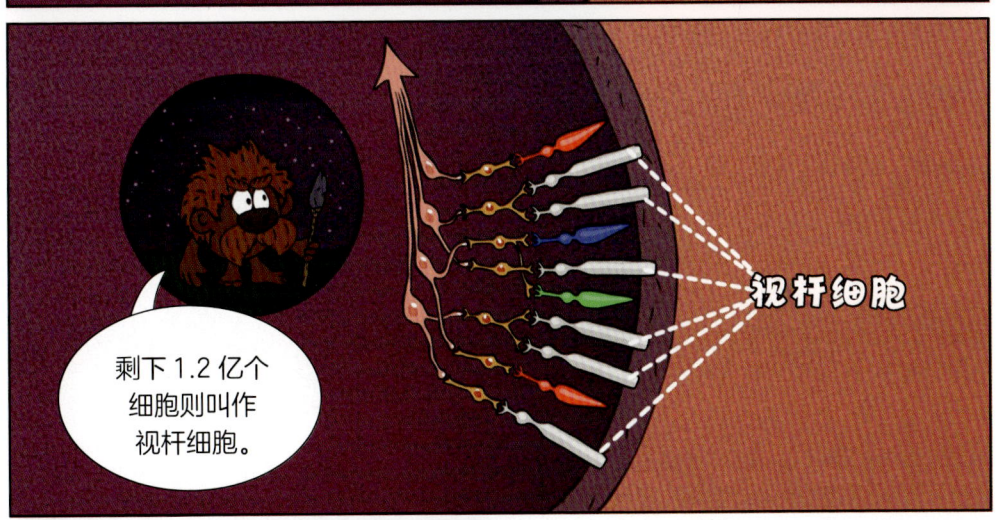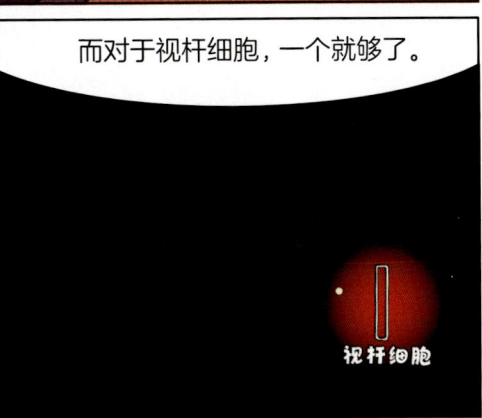

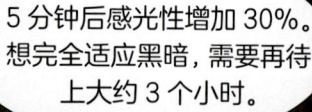

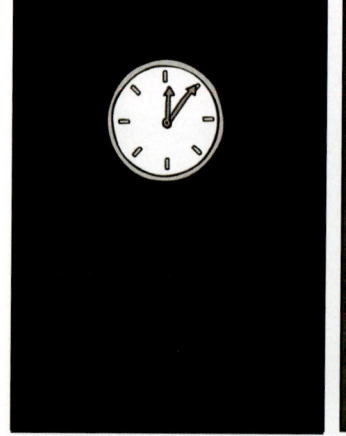

耳和听觉

除了视觉,听觉也很重要。

只要有耳朵不就行了?

耳郭用于捕捉外界的声波。

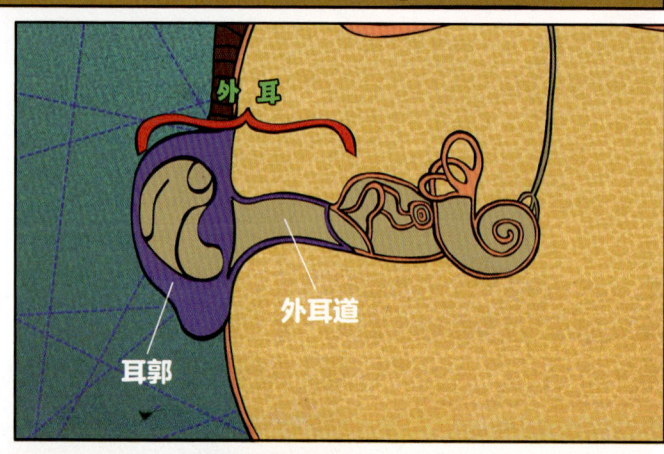

外耳

外耳道

耳郭

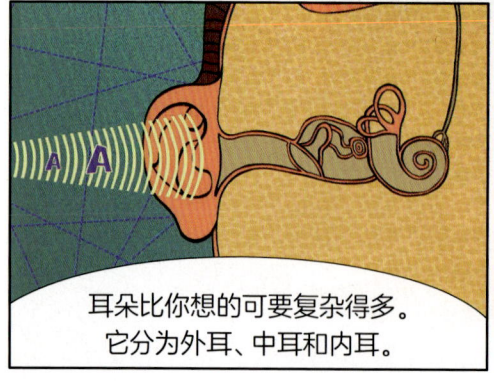

耳朵比你想的可要复杂得多。它分为外耳、中耳和内耳。

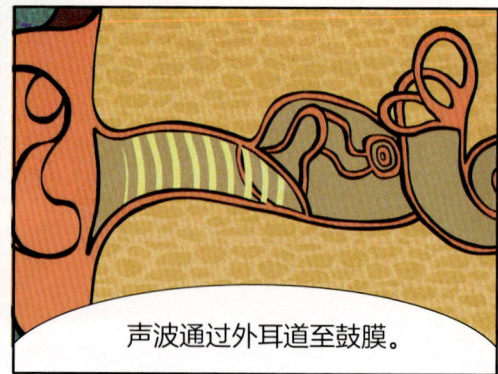

声波通过外耳道至鼓膜。

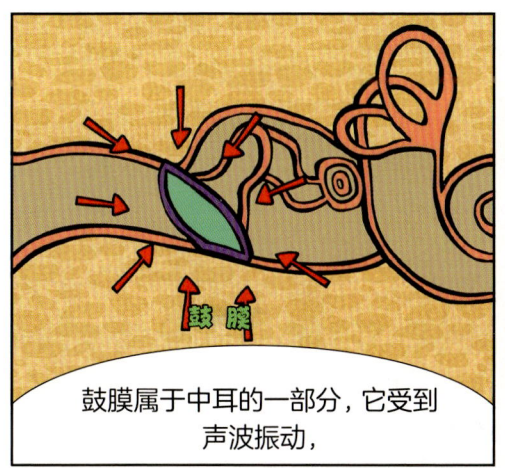
鼓膜属于中耳的一部分,它受到声波振动,

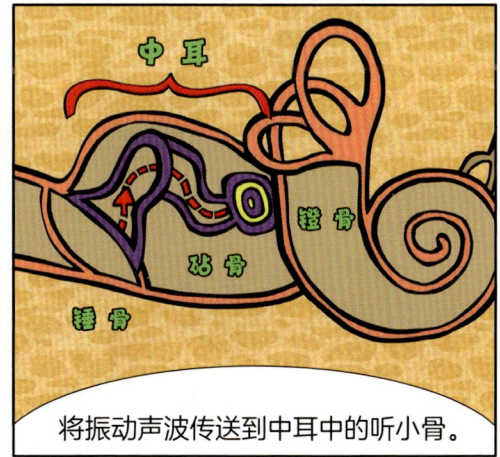
将振动声波传送到中耳中的听小骨。

随后声音将进入内耳的耳蜗。耳蜗会将所有声音分成高音和低音。

这个我知道。

就是个子高的人声音高。

个子矮的人声音低。

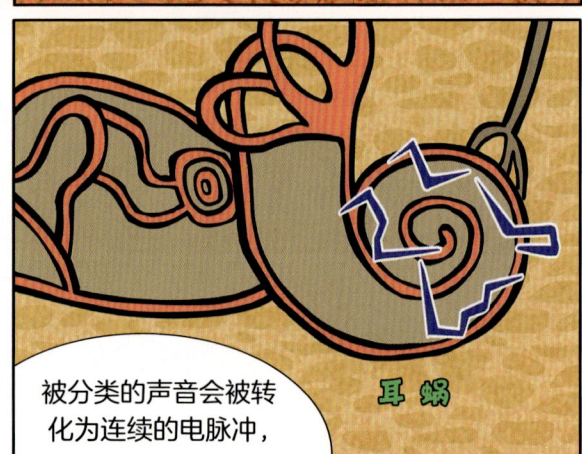
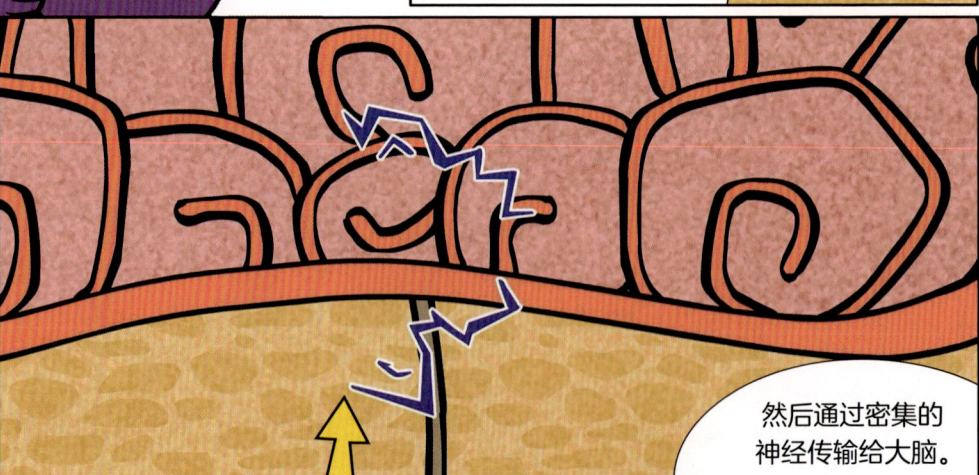

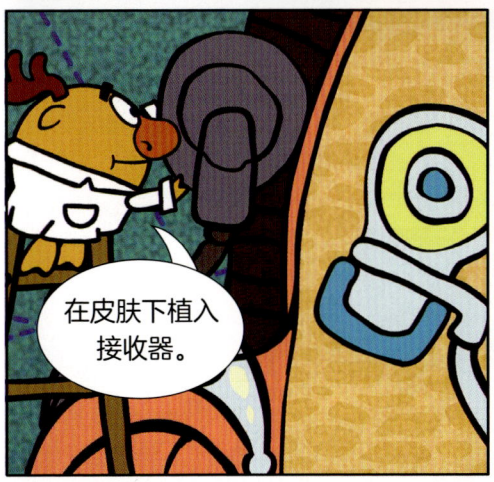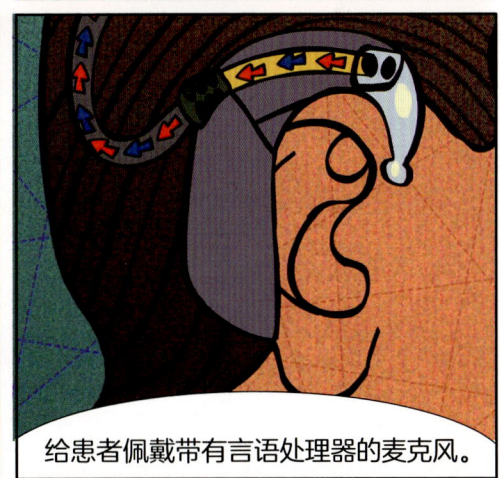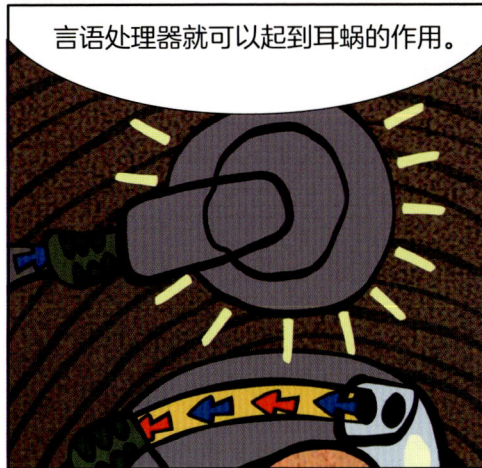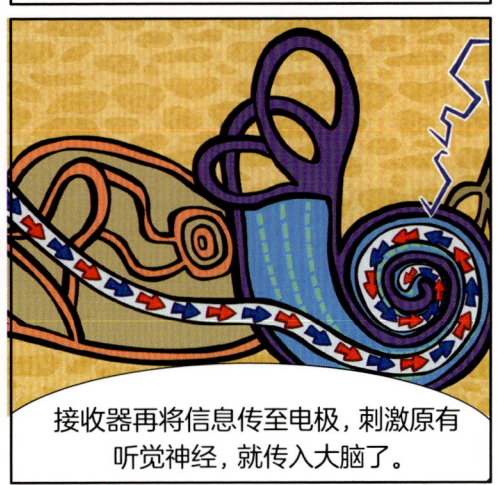

脑和神经

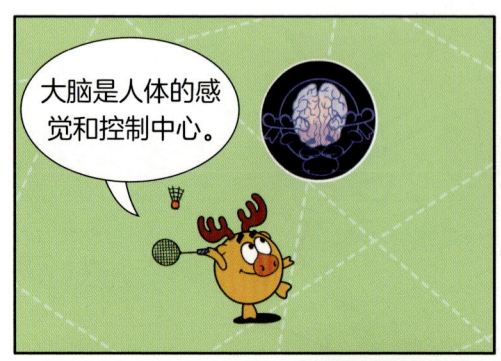

大脑是人体的感觉和控制中心。

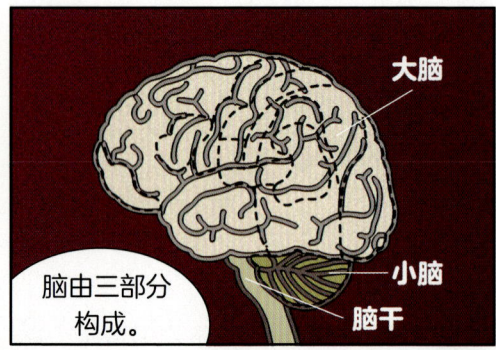

脑由三部分构成。

大脑 小脑 脑干

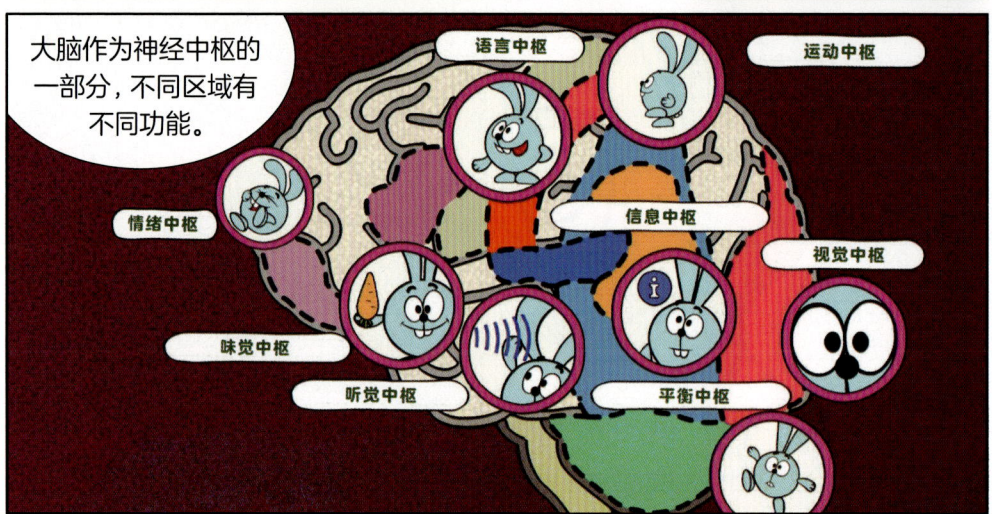

大脑作为神经中枢的一部分,不同区域有不同功能。

语言中枢 运动中枢 情绪中枢 信息中枢 视觉中枢 味觉中枢 听觉中枢 平衡中枢

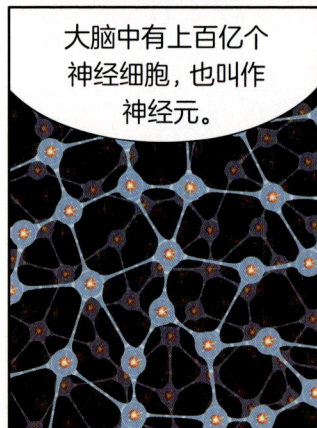

大脑中有上百亿个神经细胞,也叫作神经元。

你们的思考、感知、控制身体,都离不开我们之间的交流。

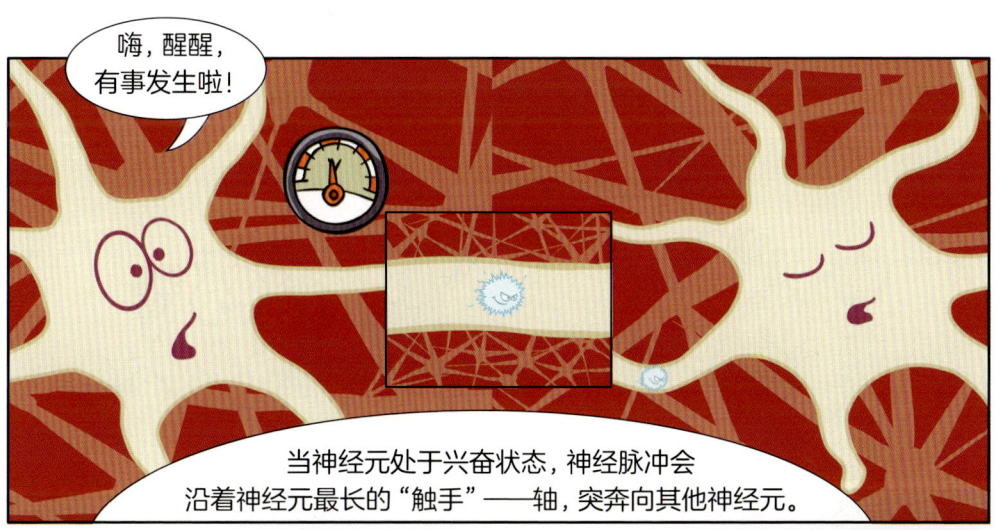

当神经元处于兴奋状态,神经脉冲会沿着神经元最长的"触手"——轴突奔向其他神经元。

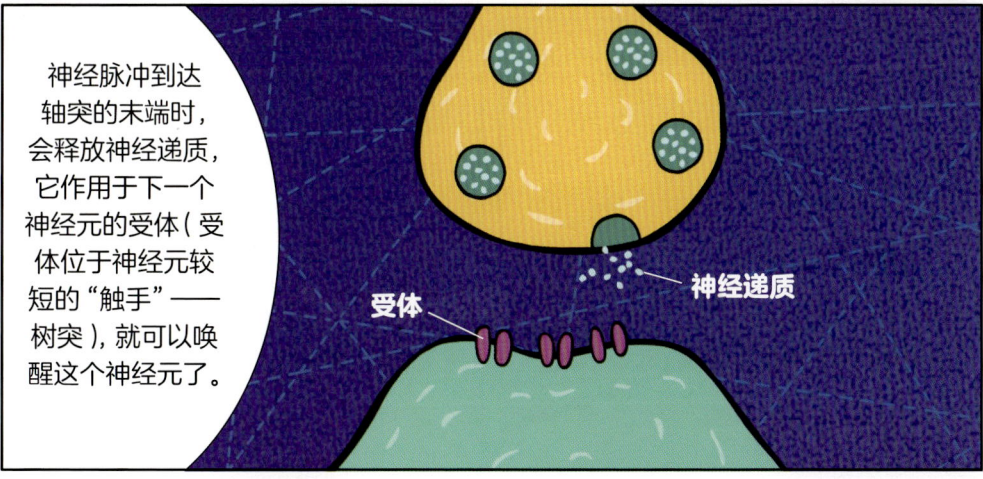

神经脉冲到达轴突的末端时,会释放神经递质,它作用于下一个神经元的受体(受体位于神经元较短的"触手"——树突),就可以唤醒这个神经元了。

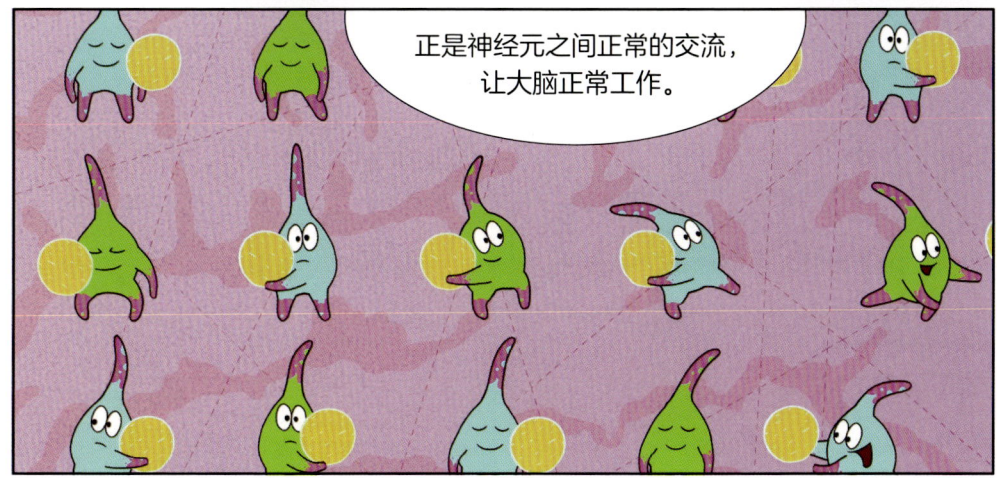

正是神经元之间正常的交流,让大脑正常工作。

免疫战士

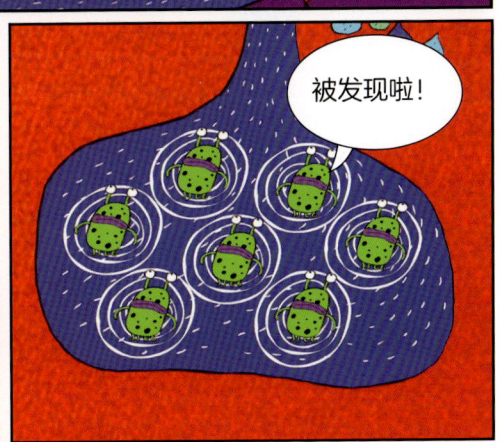

一旦有病菌入侵,它们立刻就能发现。

随后它们会分泌抗体掷向敌人。

为什么要给敌人这个?

因为这些抗体附着在病菌身上就成了一种标记。

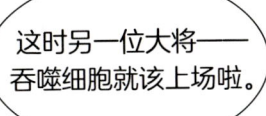

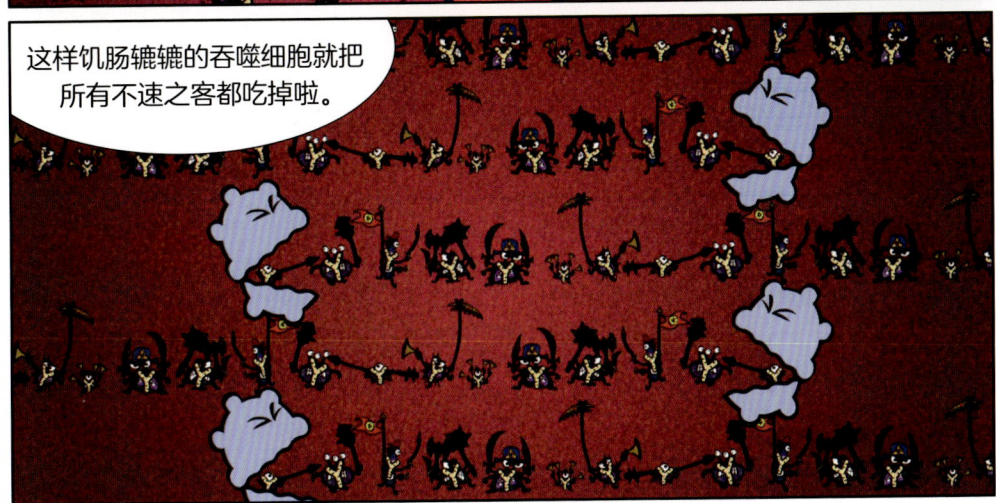

相关诺贝尔奖介绍

维生素的发现与研究

1928年，德国化学家阿道夫·温道斯因对维生素D的研究，被授予诺贝尔化学奖。

1937年，瑞士化学家保罗·卡勒（图左）因其对维生素的研究获得了诺贝尔化学奖。

同年，因为发现了维生素C的结构，匈牙利化学家纳扎波尔蒂·圣捷尔吉·阿尔伯特（图右）获得了诺贝尔生理学或医学奖。

耳蜗的功能与应用

匈牙利裔美国工程师盖欧尔格·冯·贝凯希解释了我们是如何区分低音和高音的，以及耳蜗在这一过程中的作用，因此获得了1961年的诺贝尔生理学或医学奖。

条件反射的研究

俄罗斯学者伊万·彼得罗维奇·巴甫洛夫提出了条件反射的概念，他研究了狗形成条件反射的整个过程——巴甫洛夫的狗。1904年因为对条件反射的著名研究，他获得了诺贝尔生理学或医学奖。

第 3 章
植物的魅力

什么是植物学

我们日常生活中能看到许多植物。

植物其实是生物下的一大分类。

专门研究植物的学科就叫作植物学。

生物圈中已知的绿色植物已经多达 50 多万种了。

500000

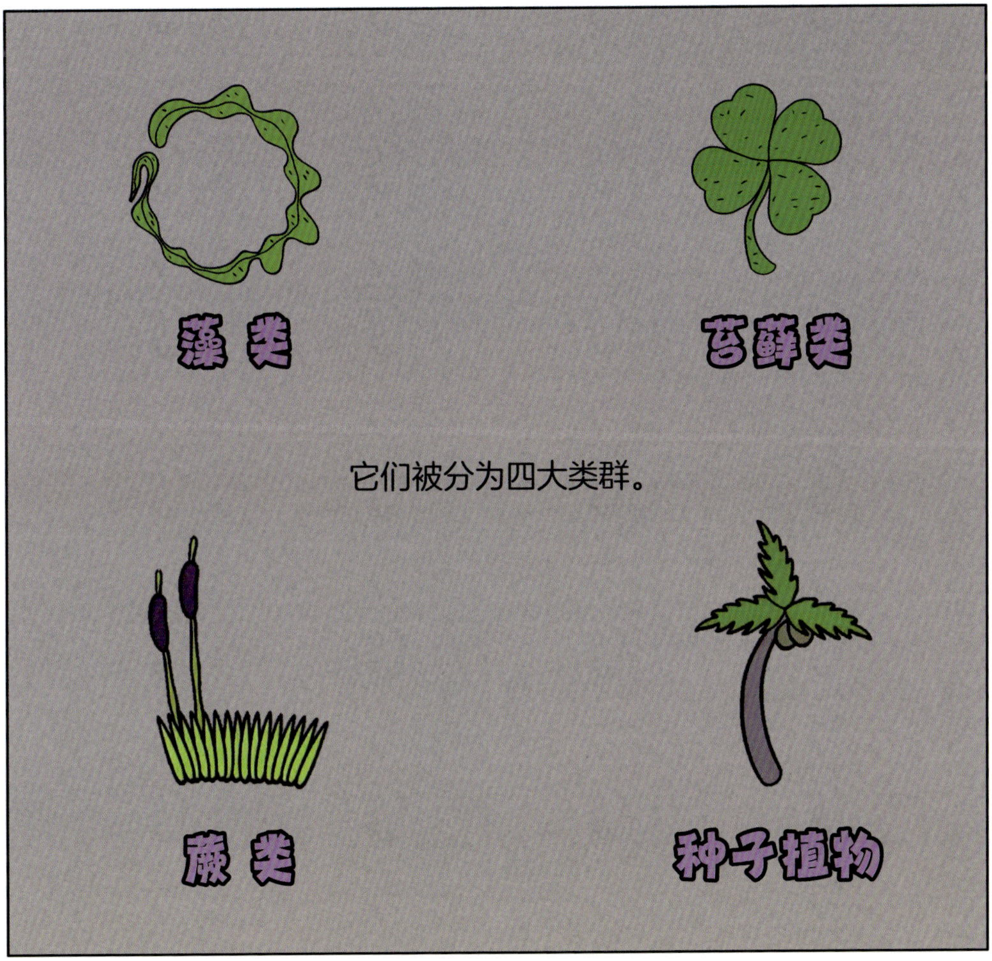

藻 类

苔藓类

它们被分为四大类群。

蕨 类

种子植物

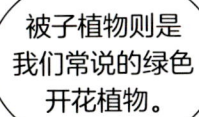

其中种子植物又分为裸子植物和被子植物。裸子植物常见的有松树。

被子植物则是我们常说的绿色开花植物。

植物的特征

植物和其他生物有很明显的不同。

最大区别就是,植物能够从无机物中合成所有生长必需的有机物。

什么是光合作用

植物是令人感到惊奇的生物。

只要拥有四要素，就能制造出我们生存必需的有机物。

一起去看看。

一株植物，

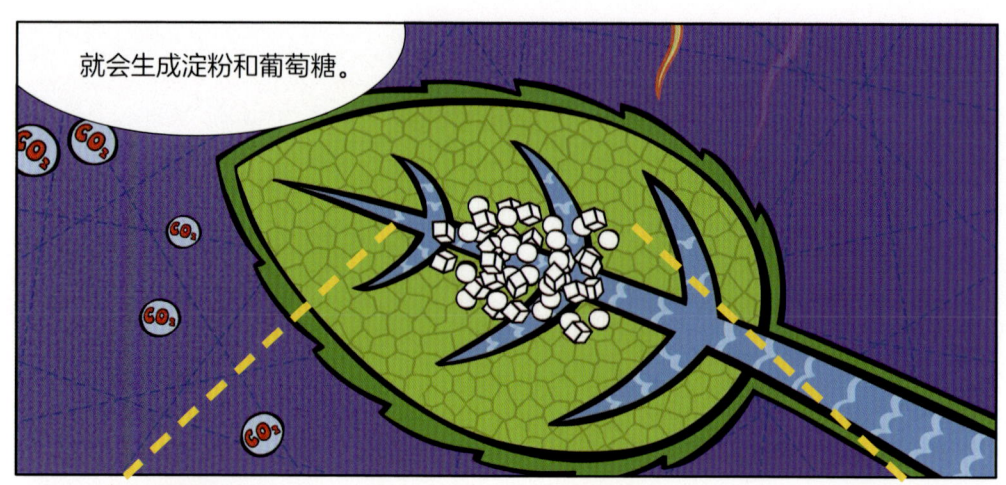
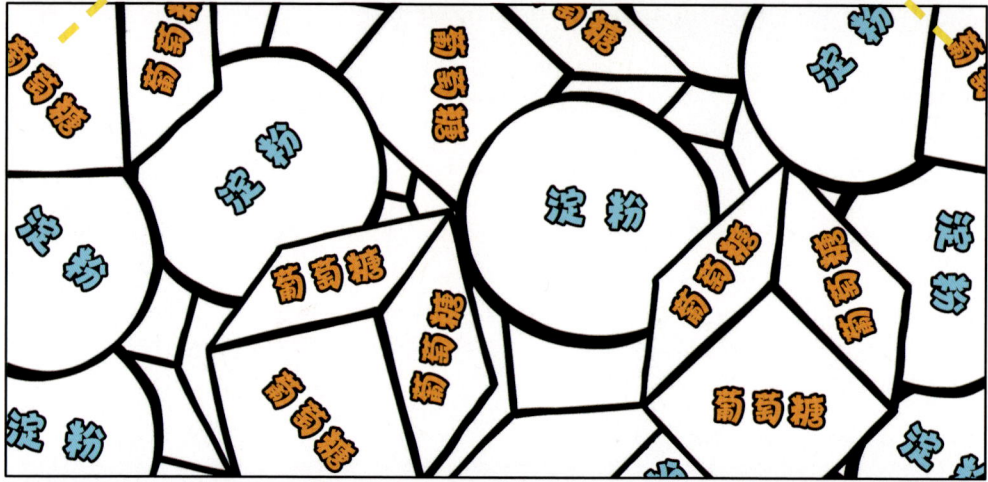

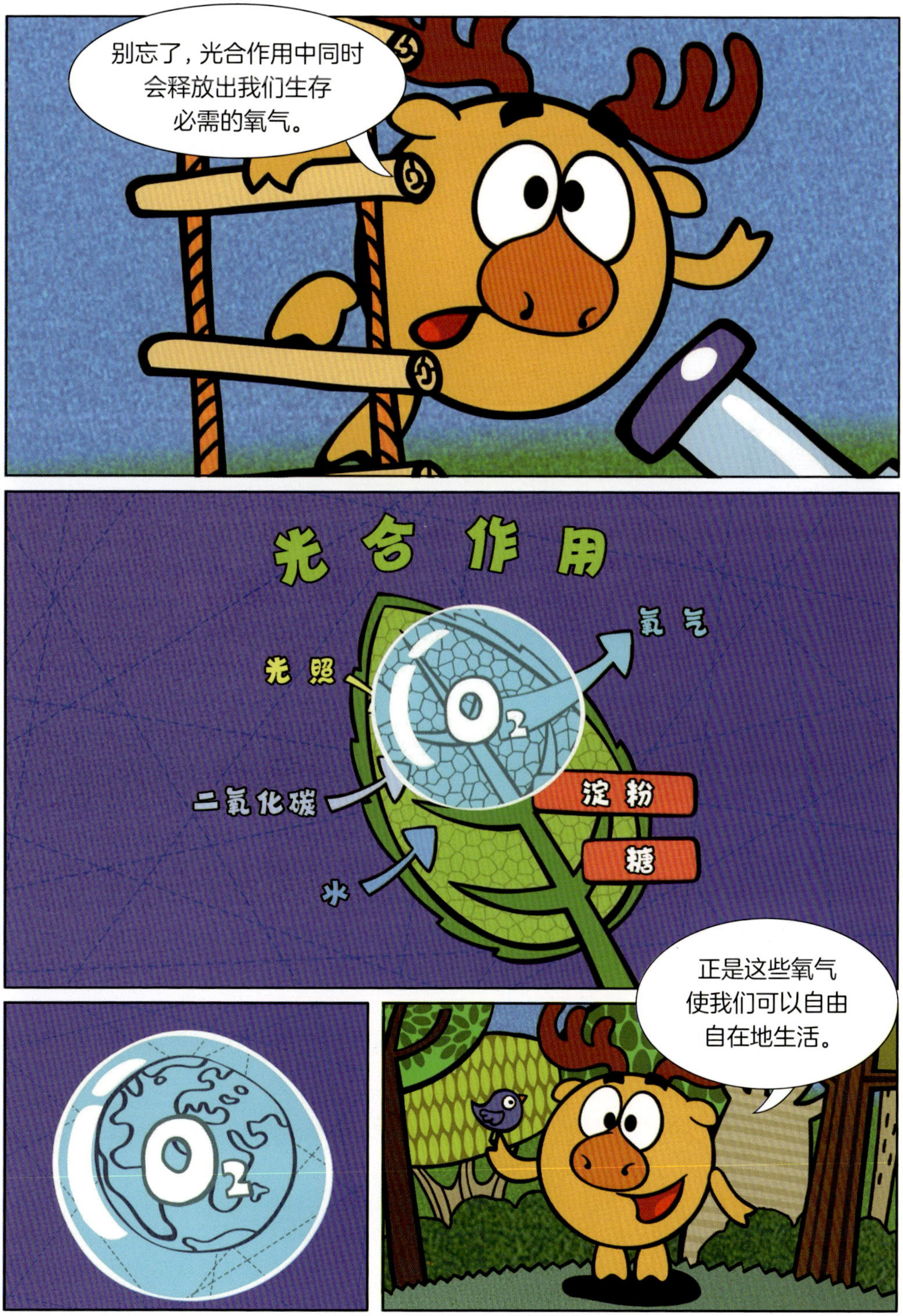

什么是叶绿素

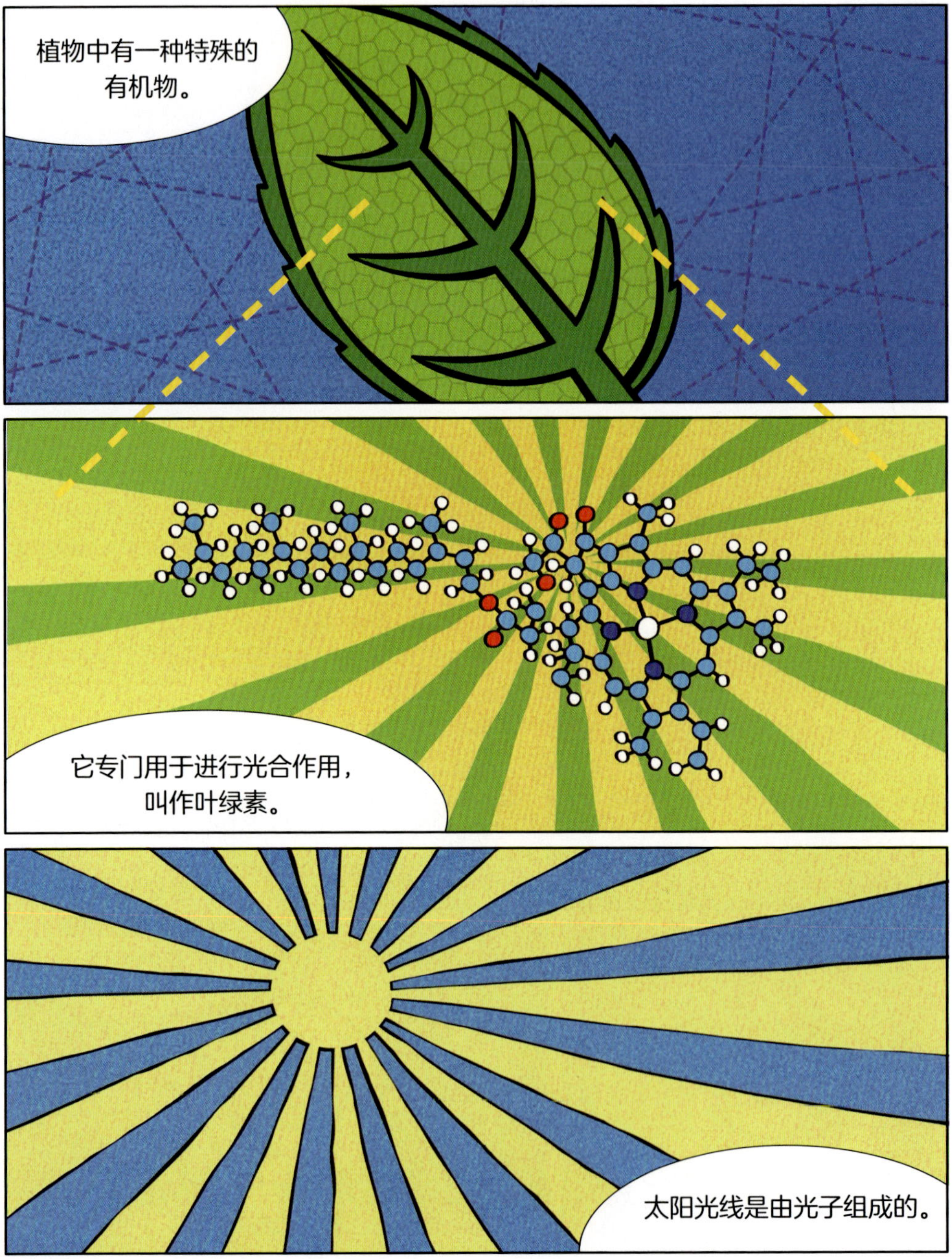

植物中有一种特殊的有机物。

它专门用于进行光合作用，叫作叶绿素。

太阳光线是由光子组成的。

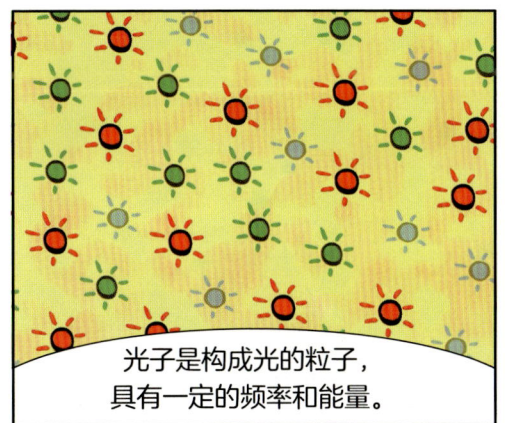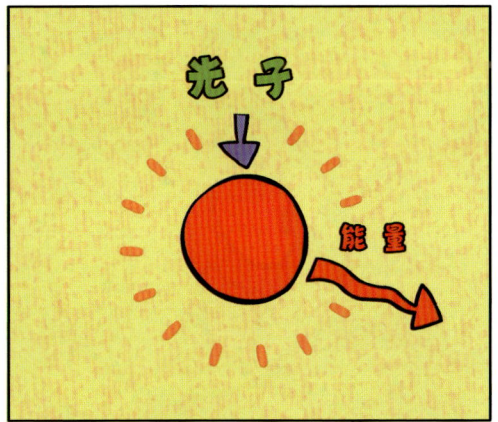

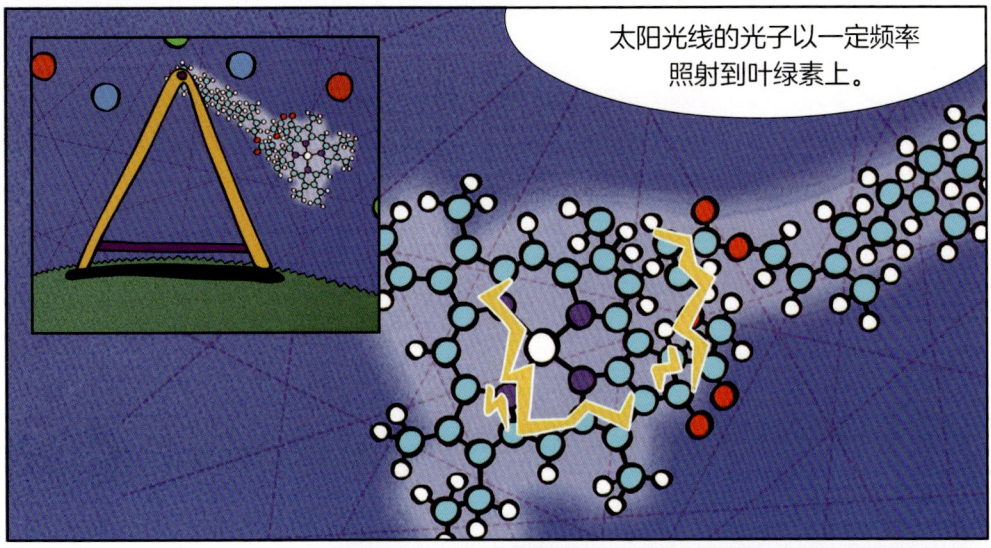

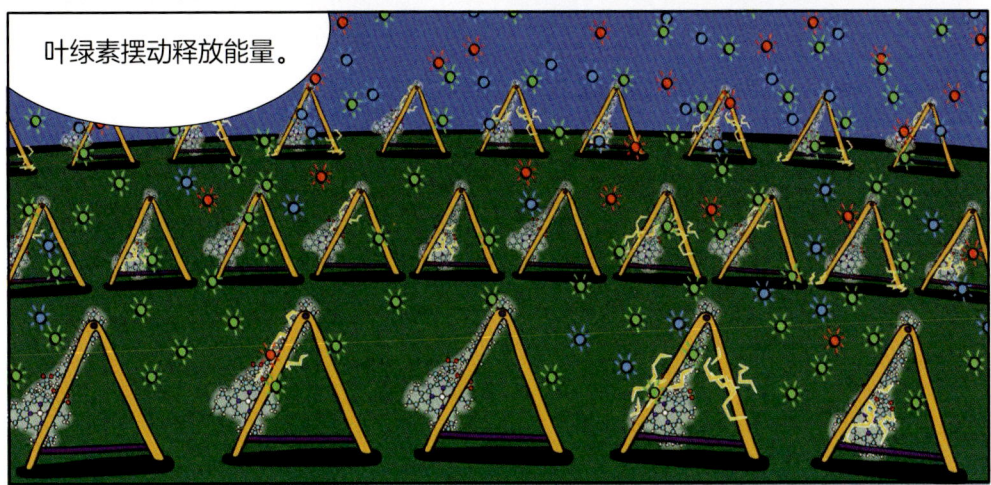

叶子颜色的变换

是什么决定叶子的颜色呢?

希腊语中叶绿素就是指绿色的叶子。

GREEN LEAF

为什么会是绿色的叶子?

这是因为叶绿素工作时吸收的一般是太阳光中的红色和蓝色光线。

绿色的光线并没有被吸收,而是被完全反射出来,被我们看见。

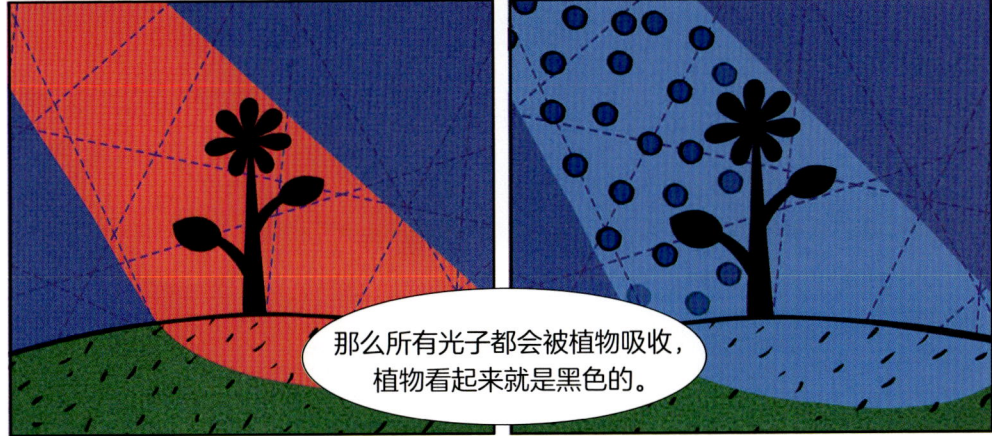

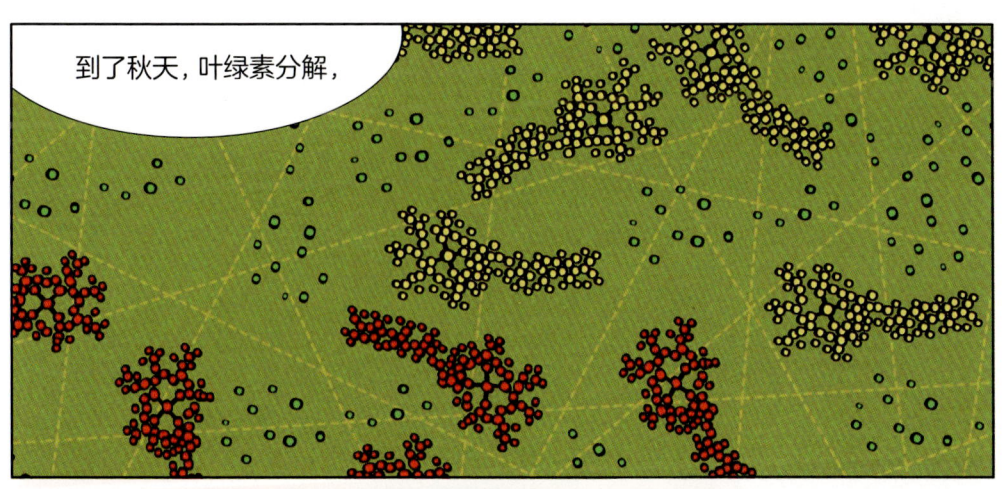
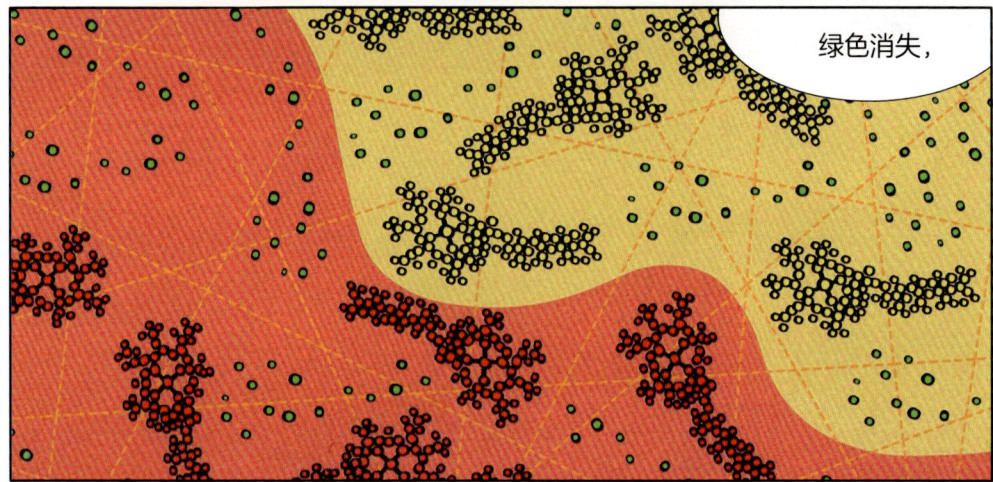

植物与生物圈的水循环

这些液态物质会沿着导水组织传输，也就是木质部，木质部中的微小管道叫作导管。

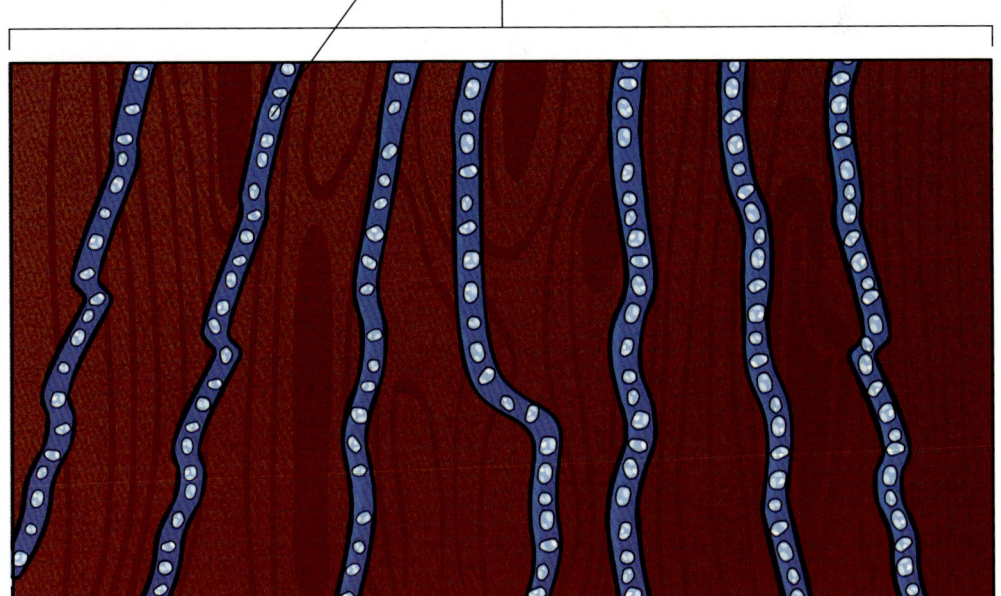

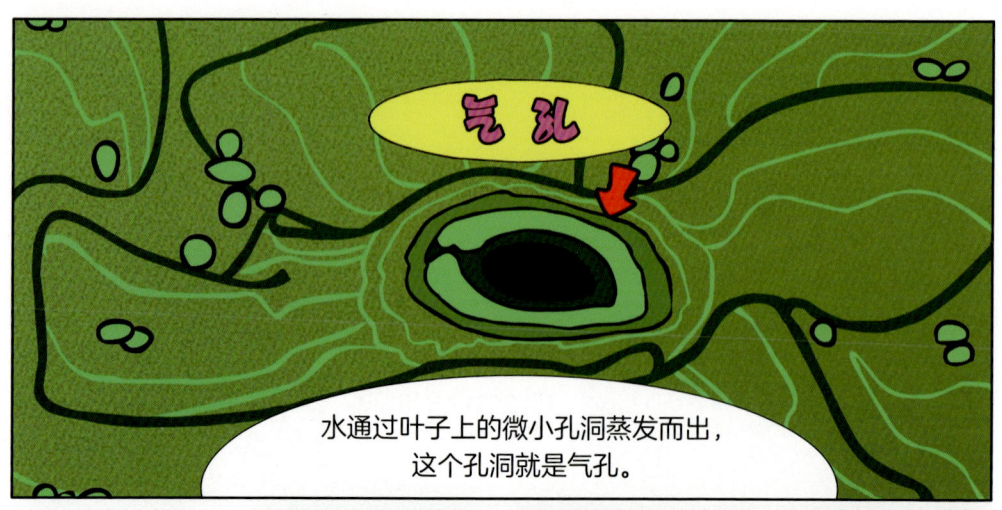

水通过叶子上的微小孔洞蒸发而出,这个孔洞就是气孔。

植物通过它释放氧气和水蒸气,

注:O_2是氧气的化学符号;CO_2是二氧化碳的化学符号。

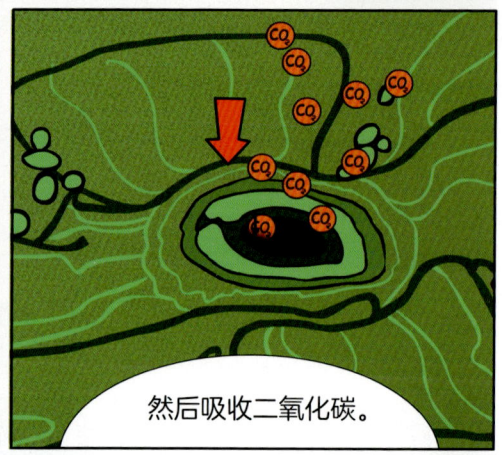

然后吸收二氧化碳。

可以说植物是通过小小的气孔呼吸的,它是植物蒸腾作用的"门户"。

 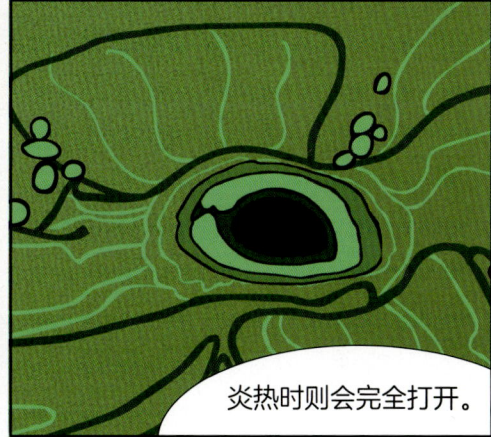

水和生命

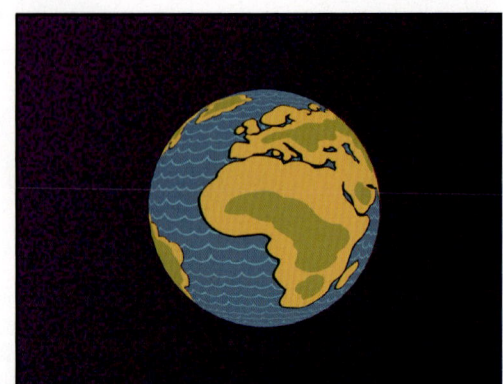

不只是植物,水和我们的生命也息息相关。它还是地球上分布最广的物质。

水覆盖了地球表面的 71%。

但淡水资源所占比重只有 3%,而这其中只有 30.4% 是可利用的。

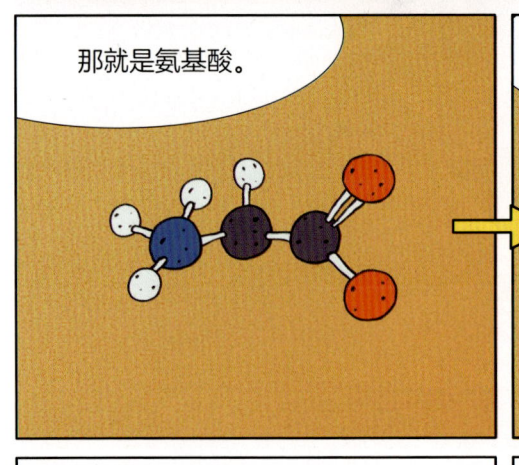

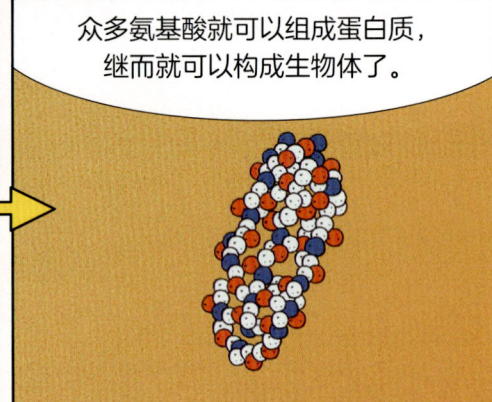

相关诺贝尔奖介绍

叶绿素的相关发现

20世纪初，德国科学家理查德·威尔斯泰特确定了当时关于叶绿素有不同种类的观点是错误的。

这种错误观点是因为别的科学家用未清洁的叶绿素进行研究。其实，叶绿素的结构在所有植物中都是一样的。

1915年，他凭借自己对叶绿素的研究成果，获得了诺贝尔化学奖。

第4章
细菌和病毒

什么是细菌

细菌对人的危害

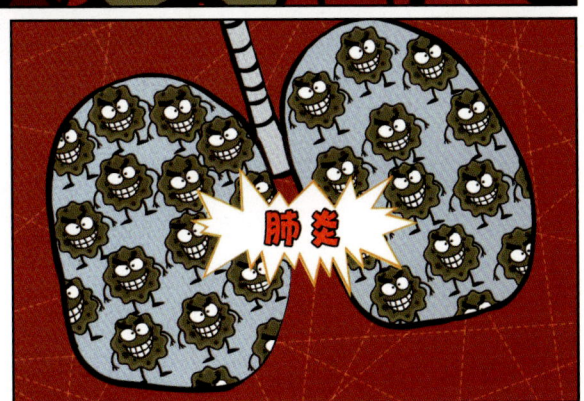

小细菌的大用处

细菌有什么神奇的，只有害处。

如果没有我们，许多东西就不会存在了。

比如酸奶和奶酪之类的美味的酸乳制品。

净化废水、去除石油污渍，

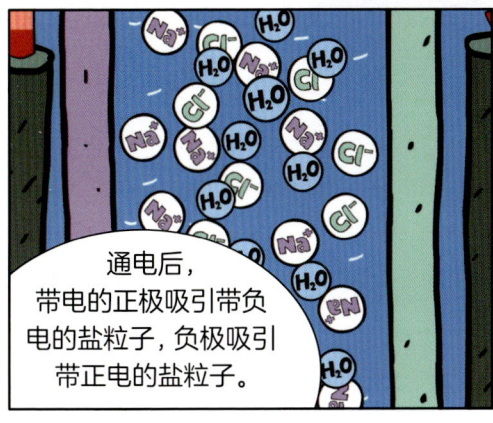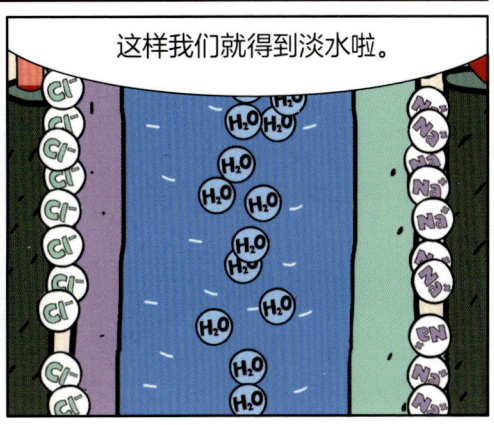

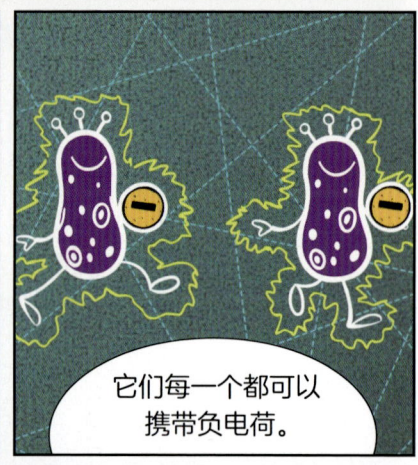
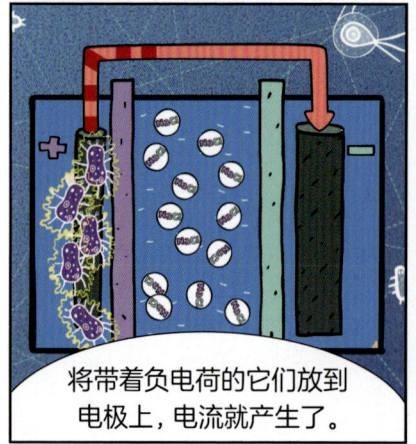
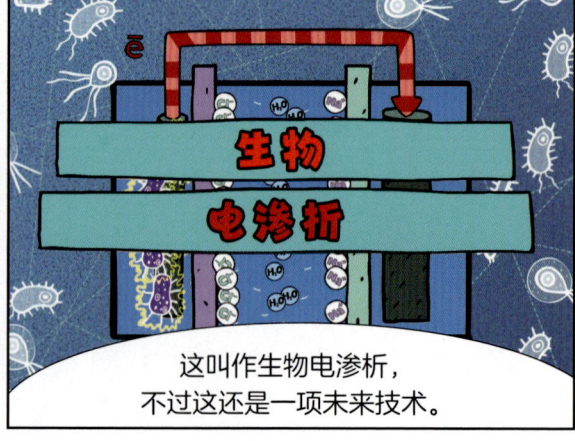

什么是病毒

我们的身体周围不仅仅存在着细菌,还有病毒。

感染病毒会引发疾病。

病毒还有一种独特的特质。

它们自己无法在机体里自由移动和独立繁殖。

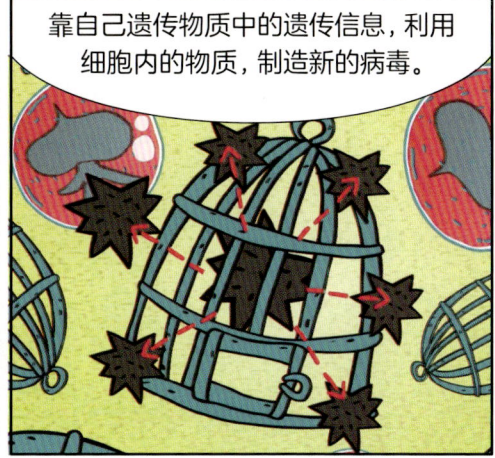

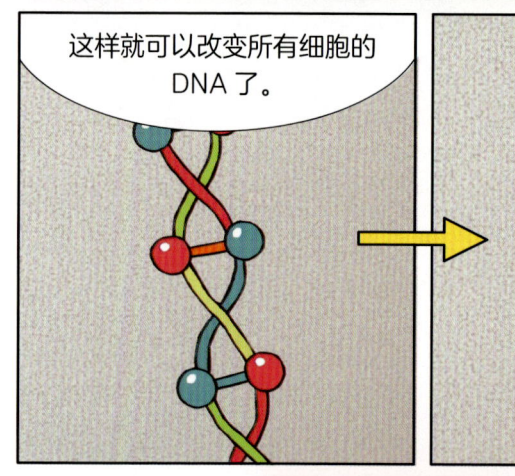
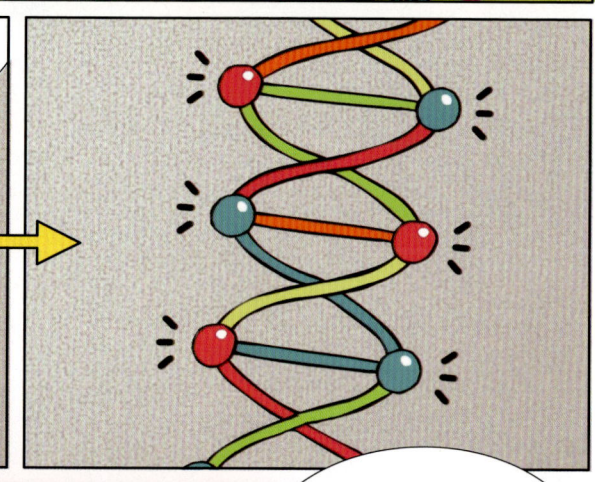

我们利用蛋白质的自然属性,

可以生产出我们需要的蛋白质。

病菌与人体的大战

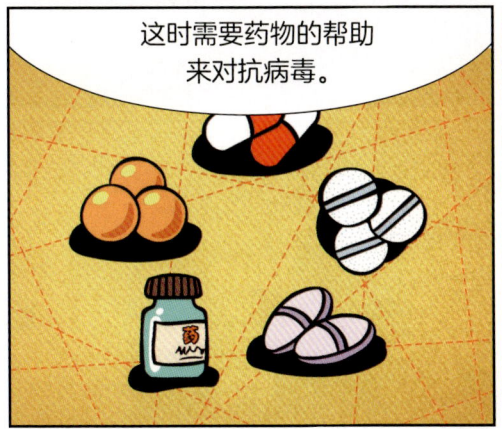

不要小看**肥皂**

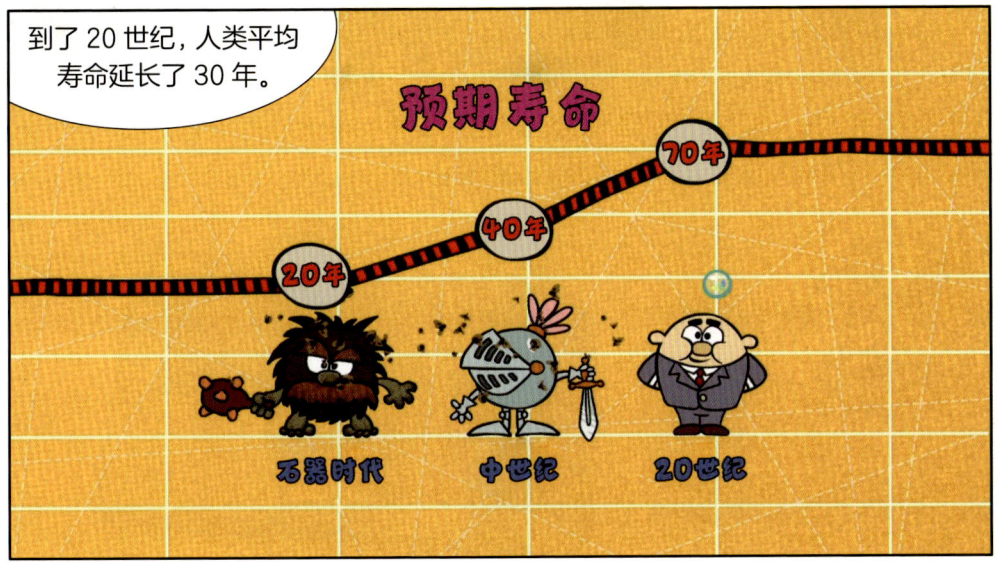

相关诺贝尔奖介绍

青霉素的发现

1928年，英国科学家亚历山大·弗莱明偶然发现了青霉素的神奇特性。他在检查久置不管的带有菌群的培养皿时发现，培养皿有些地方生出了一些霉菌，而那里的细菌消失了。

英国科学家钱恩（图左）和弗洛里（图右）帮助弗莱明将霉菌中杀死细菌的物质分离了出来。

1945年，三人因为发明了青霉素而获得了诺贝尔生理学或医学奖，这也标志着抗生素时代的开启。